怎·样·办·好·养·殖·场·系·列

潘红平　　　陈伟超　　主　编

曾卫军　　副主编

怎样科学办好
蚯蚓 养殖场

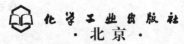

化学工业出版社
·北京·

本书包括概述，养殖蚯蚓的经济意义，蚯蚓的生活习性，我国主要养殖蚯蚓种类，蚯蚓的人工繁殖技术、日常管理、疾病及天敌侵害的防治，蚯蚓的采集及加工等。内容丰富，通俗易懂。适合蚯蚓养殖专业户和蚯蚓养殖场经营者及养殖技术人员阅读。

图书在版编目（CIP）数据

怎样科学办好蚯蚓养殖场/潘红平，陈伟超主编．
北京：化学工业出版社，2013.1（2023.3重印）
（怎样办好养殖场系列）
ISBN 978-7-122-15676-1

Ⅰ．①怎…　Ⅱ．①潘…②陈…　Ⅲ．①蚯蚓-饲养管理
Ⅳ．①S899.8

中国版本图书馆 CIP 数据核字（2012）第 247982 号

责任编辑：邵桂林　　　　　　　文字编辑：王新辉
责任校对：边　涛　　　　　　　装帧设计：杨　北

出版发行：化学工业出版社（北京市东城区青年湖南街13号　邮政编码100011）
印　　装：大厂聚鑫印刷有限责任公司
850mm×1168mm　1/32　印张6　字数153千字
2023 年 3 月北京第 1 版第 13 次印刷

购书咨询：010-64518888　　　　　　售后服务：010-64518899
网　　址：http://www.cip.com.cn
凡购买本书，如有缺损质量问题，本社销售中心负责调换。

定　价：25.00 元　　　　　　　　　　　版权所有　违者必究

本书编写人员名单

主　　编　潘红平　陈伟超

副 主 编　曾卫军

编写人员　（按姓名笔画排序）

苏以鹏（广西大学）

杨明柳（广西大学）

张月云（广西药用植物园）

陈伟超（广西农业外资项目管理中心）

黄正团（广西中医学院）

梁树华（广西南宁邦尔克生物技术有限责任公司）

曾卫军（广西农业外资项目管理中心）

潘红平（广西大学）

前　言

　　蚯蚓是一种蛋白质含量高达 70％且含各种矿物质以及微量元素的软体动物。蚯蚓以腐质的有机废弃物为食，有机废弃物通过蚯蚓肠道中分泌出的蛋白酶、纤维酶等酶类的作用，加速了许多有机物的腐殖质化过程，大大改善了生活垃圾及商业垃圾对环境的污染，为土壤微生物的大量繁殖创造了良好的条件，增强了土壤微生物继续活动场所。其通过不断地纵横钻洞和吞吐排粪等生命活动，不仅能改变土壤的物理性质，而且还能改变土壤的化学性质。蚯蚓粪还可提高土壤肥力，使植物生长好，增强植物抗病害的能力。

　　蚯蚓也是家禽、龟、甲鱼、淡水鱼等养殖饲料中动物性蛋白质的重要来源，特别是其含有的谷氨酸，用蚯蚓喂养的蛙、龟、鸡、猪等动物，不仅生长快，而且肉质嫩，味道鲜美。

　　蚯蚓因含有地龙素、地龙解热素、地龙解毒素、黄嘌呤、抗组织胺、胆碱、核酸衍生物、B族维生素等多种药用成分，又是我国传统的一味中药，称为“地龙”。早在《本草纲目》一书中就记载有由地龙配制的药方 40 余种，可用于治疗热结尿闭、高热烦躁、抽搐、经闭、半身不遂、咳嗽喘急、肺炎、慢性肾炎、小儿急慢惊风、癫痫、高血压、风湿、痹症、膀胱结石、黄疸等多种疾病。尤其是近年来从蚯蚓中提取的“蚓激酶”，已成为心血管疾病患者的理想保健药品。因此，蚯蚓的需求量逐年上升，而目前我大型蚯蚓养殖场没有多少家，多为养殖量小的散养户，产量远远不能满足市场需求量，这就为人工养殖蚯蚓开辟了广阔的前景。

本书内容包括概述，养殖蚯蚓的经济意义，蚯蚓的生活习性，我国主要养殖蚯蚓种类，蚯蚓的人工繁殖技术、日常管理、疾病及天敌侵害的防治，蚯蚓的采集及加工等。内容丰富，通俗易懂。适合蚯蚓养殖专业户和蚯蚓养殖场经营者及养殖技术人员阅读。

由于笔者水平有限，书中不足之处在所难免，我们热情希望广大读者提出更好的见解和宝贵的建议。

编者
2012 冬

目　录

第一章 概 述

第一节 蚯蚓概况

蚯蚓属于环节动物门，寡毛纲。寡毛纲的种类，一般分为三个目：①近孔寡毛目。体形较小，一般生活在淡水水底泥土中，如常见的有颤蚓、毛腹虫、尾盘虫以及水丝蚓等。②前孔寡毛目。体形小，水生或寄生，如带丝蚓以及寄生在蝲蛄的鳃或体表的蛭形蚓。③后孔寡毛目。体形较大，一般生活在土壤之中，这一目的种类即是我们日常见到的蚯蚓种类，如环毛蚓、杜拉月、异唇蚓等。自然界的蚯蚓种类繁多，大小不一。成虫短的不足 1 厘米，长的可达 2 米以上。其颜色各异，有棕色、红色、灰白色等。蚯蚓又因生活环境不同，在土壤或水中生活，分为陆栖蚯蚓和水栖蚯蚓（水蚯蚓）两大类。按其身体的长短，通常把蚯蚓分为大、中、小三类：体长大于 100 毫米、宽大于 0.5 毫米的为大型种类；体长 30～100 毫米、宽 0.2～0.5 毫米的为中型种类；体长小于 30 毫米、宽小于 0.2 毫米的为小型种类。水栖蚯蚓为中小型种类，其体壁多无色素。体壁不透明的种类外观常为淡白色或灰色，也有微红色、粉红色或绿色等其他颜色。常见的陆栖蚯蚓为大中型种类，体表面通常表现出各种不同的颜色。体色与它们所栖息的环境十分密切。通常蚯蚓的背部、侧面呈棕红、紫、褐、绿等色泽，而腹部颜色较浅。同一种类的蚯蚓，生活在不同的环境中时，体色会随之改变，这是生理与环境协调统一的结果。

目前全世界已知的蚯蚓有 3000 余种，约有 3/4 是陆栖蚯蚓。它们具有环节动物的一般特征，但它们无疣足，刚毛着生于体壁

1

上。有生殖带，头部退化。身体分节，并有相应的内部分节，每一段就是一个体节。在胚胎发育过程中，分节现象起源于中胚层，由内到外，因此环节动物的内部器官（如循环系统、神经系统、排泄系统等）也是分节排列的。每一体节几乎等于一个独立的单位，这样的结构对于加强身体适应能力和新陈代谢具有重要意义。譬如每节都有一个神经节，就使动物对外界环境的感觉和反应更加灵敏；又如每一体节具有（一对）排泄系统，使其排泄进行得更快，更有效率。分节现象和群体有些相似，不过分节与群体有一个根本不同之点，即分节的动物只有一个头部和一个神经系统，不论身体分成多少节，它们还是一个统一的整体。这样分散又统一的结构形式，是动物身体结构的一大进步。

就性别而言，蚯蚓属于雌雄同体动物。常见的蚯蚓体形呈细长圆柱形，运动时弯曲自如。其身体由若干环节组成，没有骨骼，体躯似一个细长的袋囊，表面被一薄而具色素的几丁质层。蚯蚓的体壁由几丁质层、白蛋白细胞、杯形细胞、表皮、环肌等组成。体壁就是它的外骨骼，支撑着整个身体。除头部两节外，其余各节一般被刚毛。

第二节　蚯蚓的用途

随着科学技术的不断发展，蚯蚓的利用价值越来越高，由原有的利于岩石崩解、土地的腐蚀、地表的剥蚀、尘土的沉积、遗址的保存及植物生长所需土壤的准备等利用价值，已向化工、畜牧、食品、环保、饲料方面拓展，并向提取"蚓激酶"、"氨基酸"等现代医药发展，使蚯蚓的利用价值更加广阔。

一、蚯蚓在医药保健方面的应用

我国著名学者李时珍在《本草纲目》中对蚯蚓的形态结构和生活习性作了较详细的记载，称蚯蚓为"地龙"而入药。至今，蚯蚓仍是传统的中药，中医认为蚯蚓具有清热、解毒、镇静、利尿、通络等功用，其性寒，味微咸。在《本草纲目》一书中由地龙配制的药方就有 40 余种，可用于治疗热结尿闭、高热烦躁、抽搐、经闭、半身不遂、咳嗽喘急、肺炎、慢性肾炎、小儿急慢惊风、癫痫、高血压、风湿、痹症、膀胱结石、黄疸等多种疾病。

近年来，人们运用先进的科学技术对蚯蚓的药用成分、药理作用进行了深入研究，证明蚯蚓具有多种药理功能。据分析，蚯蚓体内含有地龙素、地龙解热素、地龙解毒素、黄嘌呤、抗组织胺、胆碱、核酸衍生物、B 族维生素等多种药用成分。地龙素内主要含有酪氨酸，可扩张支气管，有抗组织胺作用，能缓慢降低血压，促进子宫平滑肌的收缩。

随着科学技术的进步，科学工作者发现"地龙"含有一种能溶解血栓的特殊酶素，即蛋白酶。日本株式会社大都制药厂生产的"龙心"可以治疗脑血管栓塞、冠状动脉血栓形成、心肌梗死、静脉曲张，以及心绞痛、高血压、糖尿病、肾功能衰竭、风湿性关节炎等多种疾病。清华大学生物科学与技术学院曹跃辉等研究人员与东风制药厂共同开发的"蚓激酶"，经临床试验，适用于治疗各种血栓性疾病、静脉曲张、静脉炎及风湿性关节炎等。北京大学生命中心用蚯蚓提取物研制成血脂康，经临床试验，疗效甚佳。中国科学院黄福珍研究员与北京康宁医药保健品有限公司合作研制的"福乃康胶囊"是从蚯蚓中提取的活性物质，具有较强抑制肿瘤细胞的能力，从而减少癌细胞的扩散和转移，提高机体免疫功能。

另外，研究发现蚯蚓浸出液还可用于美容保健。如果将蚯蚓浸出液添加到膏、霜、膜中，可消除雀斑，防止太阳辐射，是很好的保健护肤品。

蚯蚓来源广泛，取材方便，价格低廉，我国民间已积累了不少采用蚯蚓单味或入复方治病的经验。整理研究这些宝贵的经验，不仅为药用提供了广泛基础，而且为蚯蚓的综合利用找到了新的途径，让它为人类的健康事业服务。

二、动物性蛋白质饲料

近年来，世界各国畜禽、水产养殖业迅速发展，对动物性蛋白质的需求量越来越大，但由于环境污染，加上对鱼类的滥捕，导致鱼粉等动物性蛋白质饲料严重不足。因此，开辟蛋白质饲料的新来源已成为迫切需要解决的问题。目前，不少国家发展蚯蚓养殖，并着手利用蚯蚓开辟蛋白质饲料新来源的研究。

衡量某一种饲料营养价值的高低，除看其蛋白质含量外，还要看其蛋白质的品质如何，即蛋白质的氨基酸种类及其含量、比例，尤其是必需氨基酸的含量。而蚯蚓含有丰富的蛋白质，蛋白质含量占干体重的比例高达 70% 左右。蚯蚓蛋白质中含有不少氨基酸，这些氨基酸是畜、禽和鱼类生长发育所必需的，其中含量最高的是亮氨酸，其次是精氨酸和赖氨酸等。蚯蚓蛋白中精氨酸的含量为花生蛋白的 2 倍，是鱼蛋白的 3 倍；色氨酸的含量则为动物血粉蛋白的 4 倍，为牛肝的 7 倍。

蚯蚓体内还含有丰富的维生素 A、B 族维生素、维生素 E、各种矿物质及微量元素。所含铁是豆饼的 10 倍以上，为鱼粉的 14 倍；铜含量为鱼粉的 2 倍；锰含量是豆饼或鱼粉的 4～6 倍；锌含量为豆饼或鱼粉的 3 倍以上；尤其是蚯蚓体内磷的利用率高达 90% 以上。不仅蚯蚓的身体含有大量蛋白质，就是在它的粪粒里也同样含有一定量的蛋白质，蚯蚓粪便在含水量 11% 左右的时候，蚯蚓粪内所含的全氮约 3.6%，以此推算粗蛋白为 22.5%，因此蚯蚓与蚓粪均可供畜、禽和鱼类食用。

用蚯蚓粪做饲料时，添加量一般为 15%～30%，不会影响饲料的质量，对于猪、鱼等来说还会提高其适口性，饲喂方法最好用来发酵或制作成颗粒后投喂。我们采用蚓粪饲喂泥鳅、田螺、鲢鱼、鳙鱼、鲤鱼、鲫鱼等，用量 70%～100%，鱼类生长良好，成本大幅度降低；在蚯蚓粪里面添加少量化肥等制成的颗粒就是优质的复合肥料，也可作为花肥使用。

用蚯蚓喂养的猪、鸡、鸭和鱼，生长快，味道鲜美，主要原因在于蚯蚓蛋白质含量丰富，而且容易被畜、禽和鱼类消化和吸收。畜禽和鱼均喜欢吃混有新鲜蚯蚓的饲料，混合用量要根据畜、禽和鱼的种类以及个体的大小而定，以占饲料总重量的 5% 左右较好，但有时可多达 40%～50%。用这种混合饲料喂养幼小的畜、禽和鱼，效果特别好，除了生长快、色泽光洁、发育健壮、不生病或少生病外，死亡率也有所降低。若在饲料中添加 2%～3% 的蚯蚓粉饲喂各种动物，猪生长速度可提高 74.2% 以上；鸡的产蛋量提高 17%～25%，生长速度加快 30%～80%；鳖可增产 30%～60%；黄鳝体重增长 40%；对虾、河蟹、鳗鱼等名优鱼类，均增产 30% 以上，饲料成本下降 40%～60%。

三、蚯蚓在农业方面的应用

（一）改善土壤结构

蚯蚓不但是农业的犁手，也是改良土壤的能手。蚯蚓通过不断地纵横钻洞和吞吐排粪等生命活动，不仅能改变土壤的物理性质，而且还能改变土壤的化学性质，使板结贫瘠的土地变成疏松多孔、通气透水、肥沃而能促进作物根系生长的团粒结构。近年来，有人研究了蚯蚓对土壤结构形成的速度，通过电子显微镜对其形态、微结构、团聚体的性质以及有机和无机复合体的观察，认为蚯蚓具有较高的水稳定性以及优良的供肥保肥能力，称之为工"微型的改土车间"。

（二）提高土壤肥力

蚯蚓栖息的周围土壤中，许多无机（盐）元素如磷、钾、钙、镁等数量增倍。蚓粪较之畜粪的磷、钾、钙以及有机物含量高出数倍，其肥力比畜粪要好。蚓粪不仅可以提高土壤肥力，使栽培的植物生长、发育良好，而且还可增强植物抗病害的能力。

据杨珍基等人试验，在放养蚯蚓的土壤中栽培和种植豌豆、谷子、番茄、菜豆、胡萝卜等，具有明显的增产效果。还有人做过试验，在利用蚓粪做基肥的土壤中种植豌豆、油菜、黑麦、玉米、马铃薯，可分别增产：豌豆 3 倍，油菜 6.2 倍，黑麦 0.6 倍，玉米

2.5 倍，马铃薯 1.35 倍。

另外，可利用园林中的落果，农村中的秸秆、厩肥、沼气池内容物、废渣、食用菌渣等有机物，甚至还可与养蘑菇、养蜗牛、养猪、养牛等结合起来进行蚯蚓养殖，发展生态农业，不仅提高有机物中氮、碳的利用率，而且由于进行了综合利用，能产生明显的经济效益和社会效益。

四、蚯蚓在治理环境污染方面的应用

由于现代工农业的迅猛发展，众多的工业废弃物被排出，造成严重公害；过度使用农药，污染了成片的农田、耕地及水源，人类环境遭到严重污染，直接影响人类的健康，急待采取保护措施，这已成为国际上共同关心的大事。英国与日本等国积极研究处理公害的方法，其中之一就是利用蚯蚓。蚯蚓在地球上分布广、数量多，是一项巨大的生物资源，其分解、转化有机物的能力很强，对于物质循环和生态平衡具有重要的作用。众所周知，土壤微生物对动物尸体、植物残体的分解起着重要作用，但是植物的落叶、秸秆、动物的甲壳和角质等，则必须先经过蚯蚓等各种土壤动物的破碎，微生物才能进一步分解。因此，蚯蚓在自然界中大大加速了许多有机物的腐殖质化过程。蚯蚓掘穴松土及破碎、分解有机物，更为土壤微生物的大量繁殖创造了良好的条件，增强了土壤微生物继续活动的场所。如果在地球上没有蚯蚓等土壤动物及微生物继续参与动、植物残体的分解、还原，那么就会尸体遍野，其后果是难以想象的。

蚯蚓能分泌许多特殊的酶类，有着惊人的消化能力。世界上许多国家利用蚯蚓来处理食品加工、酿造、造纸、木材加工以及纺织等行业的浆、渣、污泥等工业废弃物。据报道，美国加利福尼亚州一个公司养殖蚯蚓 5 亿条，每天可处理废弃物 2000 吨。在日本用蚯蚓来处理造纸污泥已进入实用化阶段。另外，还可以利用它处理畜禽和水产品加工厂的废弃物和废水，如日本利用蚯蚓每月可处理这些废弃物多达 3000 吨，用蚓粪中的微生物群来分解激光器的污泥，使之产生沉淀，可以达到净化污水的目的。

它在处理城市生活垃圾和商业垃圾方面，也能起很大的作用，例如加拿大在 1970 年建立了一个蚯蚓养殖场，至今已 10 多年，目前每星期可以处理约 75 吨的垃圾。北美也有一个蚯蚓养殖场，可以处理 100 万吨城市生活垃圾和商业垃圾。用蚯蚓处理垃圾，不仅可以节约用于烧毁垃圾所要耗费的能源，而且经过蚯蚓处理的垃圾还可以作为农田肥料，用来增产农作物。

目前，不少国家还利用蚯蚓处理农药和重金属类等有害物质。蚯蚓对农药和重金属的积聚能力很强，例如对六六六、DDT、PCB（多氯联二苯）等农药的积聚能力可比外界大 10 倍，对重金属铬、铅、汞等的积聚能力要比土壤大 2.5～7.2 倍。所以，美、英等国在农田或重金属矿区附近的耕作区放养大量的蚯蚓，让农药和有害的重金属富集到蚯蚓的身体里，使已经荒芜了的农田又变得肥沃起来，（能够）再次用于庄稼种植。这种富集了大量农药和有害重金属的蚯蚓是不能再作为畜、禽和鱼类的饲料或饵料了，否则将引起畜、禽和鱼类疾病，甚至导致中毒死亡。因此，利用蚯蚓造福于人先必须做到既去除有害物质，又保护畜、禽、鱼和人类的安全。

五、蚯蚓在食品方面的应用

蚯蚓蛋白不仅用于养殖业，其游离氨基酸在食品工业中用途也很大。近年来，在一些经济发达的国家和地区，如西欧和美国等，从营养和保健的角度出发，食用蚯蚓较普遍，美国有的食品公司用蚯蚓制作成各种食品，如专制蚯蚓浓汤罐头和蚯蚓饼干，畅销欧美各国；用蚯蚓沫加苹果做成蛋糕；另外，还有蚯蚓烤面包、炖蚯蚓、蘑菇蚯蚓等。1997 年，在美国纽约街头出现了食用蚯蚓特餐，这种特餐非常受欢迎，而且现在已成为纽约人的喜好。更有甚者，新西兰的毛利族人以 8 种蚯蚓作为食用佳品和礼物，互相赠送。还有美国和大洋洲、非洲地区的某些国家，用清水和玉米面养蚯蚓 24 小时，让它们排出肠内的泥土，然后剖开洗净、切碎、烹调成菜肴或磨碎制成酱，或制成浓汤罐头，或做成煎蛋饼和苹果汁奇异饼等。蚯蚓作为食品，在我国古代也有记载，但仅在福建和广东一带有人食用。目前，蚯蚓在台湾省是个热门商品，常见的蚯蚓食品有通心粉和地龙糕等，蚯蚓菜肴有地龙凤巢（即蚯蚓炒蛋或爆蛋）、千龙戏珠（即蚯蚓煮鸽蛋）、龙凤配（即蚯蚓炖鸡）等。因为是以蚯蚓为原料制成数十种的烹调菜肴和点心，所以在当地被称为蚯蚓大餐。

第三节　蚯蚓的发展前景

一、蚯蚓生产的历史

传统的研究和利用都是以野生蚯蚓为主，直到 20 世纪 60 年代，一些国家才开始进行人工饲养蚯蚓，到 70 年代，蚯蚓的养殖热已遍及全球。作为一项颇有前途的新兴养殖业，目前许多国家已发展和建立了初具规模的蚯蚓养殖企业，如美国、日本、加拿大、英国、意大利、西班牙、澳大利亚、印度、菲律宾等，有的国家已发展到工厂化养殖和商品化生产。美国目前约有 300 个大型蚯蚓养殖企业，并在近年成立了"国际蚯蚓养殖者协会"，一些蚯蚓养殖公司正在着手利用养殖蚯蚓来处理大城市的垃圾。日本目前有大型蚯蚓养殖场 200 多家，从事蚯蚓养殖的人数达 2000 余人，全国建立了蚯蚓养殖协会，静冈县在 1987 年建成 1.65 万米^2 的蚯蚓工厂，每月可处理有机废物和造纸厂的纸浆 3000 吨，而且还生产蚯蚓饲料添加剂，以满足人工养殖蚯蚓的需要；丘库县蚯蚓养殖工厂，养殖 10 亿条蚯蚓，用于处理食品厂和纤维加工厂的 10 万吨污泥，化废为肥。还利用蚯蚓处理猪粪，将固体的猪粪转化为蛋白质饲料，代替鱼粉和大豆用来喂鱼和家禽。蚯蚓粪是优质肥料，可与工业化肥相媲美。目前，每年国际上蚯蚓交易额已达 20 亿美元。

我国于 1979 年从日本引进"大平 2 号"蚯蚓和"北星 2 号"蚯蚓，这两个品种同属赤子爱胜蚓，其特点是：适应性强，繁殖率高，适于人工养殖。自 1980 年开始，在全国各省市、自治区进行了试验与推广，曾掀起了一阵养殖蚯蚓热，约有 600 多个县开展了人工养殖蚯蚓工作，但由于种种原因，大部分已经终止了生产，仅仅一小部分养殖单位和一些科研单位保留了种源。20 年来，搞得较好的如北京双桥蚯蚓养殖场，该场利用猪、牛粪养殖蚯蚓，面积达 70～100 亩，主要是利用蚯蚓提取治疗脑血栓药的原料，将蚯蚓粪作为草坪和花卉肥料，其产品销往日本、韩国等国家。

二、我国养殖蚯蚓的现状

我国从开始发展人工养殖蚯蚓至今，已有大型的蚯蚓养殖场近20 多家，小型的蚯蚓养殖场（户）近 3 万多个（户），遍布全国各地。养殖品种基本都是赤子爱胜蚓、大平 2 号、北星 2 号蚯蚓品种。而我国的蚯蚓养殖场（户）很难获得较好的经济效益，其原因主要有以下几个方面。

（一）规模小、管理松散

我国大多数的蚯蚓养殖户为小家庭养殖，规模在几十平方米，由于规模小，无法每天获得稳定的产量对外销售或自用，因为管理松散，有料就喂一点，没有料甚至几个月都不去管理，久而久之，蚯蚓不是逃跑了，就是严重退化。

（二）养殖技术落后，品种退化，产量低

基本所有的蚯蚓养殖者都还采用传统的养殖方法：大小蚯蚓混养。其产生的后果是：蚯蚓近亲繁殖，品种严重退化。蚯蚓是低等动物，极易遗传变异，虽然蚯蚓是雌雄同体动物，但需要异体交配才能繁育，这种大小混养的方式根本无法避免蚯蚓的近亲繁殖，笔者在几个蚯蚓养殖场观察发现，其养殖的大平 2 号蚯蚓已严重退化；蚯蚓品种退化后，繁殖率严重下降，养殖周期延长，产量下降。

（三）用途单一、效益低

大多数蚯蚓养殖场（户）仅仅利用蚯蚓来做动物饵料，由于蚯蚓的产量（吨粪料/产量）相对来说不是很高，仅靠蚯蚓来获得经

济效益不是很现实。如 1 吨养殖蚯蚓的粪料一般能生产出鲜蚯蚓
20 千克，如果用来饲养经济动物必须要饲喂经济价值较高的经济
动物才能有较好的经济效益（如经济价值较高的特种水产动物甲
鱼、黄鳝、乌龟等名贵水产），市场上的鲜活蚯蚓一般每千克售价
在 30～40 元（主要是销售给特种水产养殖者）。蚯蚓养殖者往往不
知道养殖蚯蚓的主要经济收入不是蚯蚓，而是蚯蚓粪，大型蚯蚓养
殖蚯蚓粪的经济效益是蚯蚓的 1.5 倍以上。因此，仅利用蚯蚓是很
难获得很好的经济效益的，开发蚯蚓粪进行综合利用才能获得较好
的经济效益。

三、蚯蚓的养殖前景

改革开放以来，随着人们生活水平的不断提高，人们的膳食结
构发生了很大变化，对肉、蛋、奶、鱼等的需求量越来越大。各种
养殖业包括特种动物养殖迅速发展，对鱼粉、豆饼等各种动物蛋白
饲料需求量很大，使得这类饲料的价格大幅度上升，供不应求，每
年还得从国外进口豆粕类饲料。因此，开发新的饲料蛋白源是亟待
解决的问题。蚯蚓综合养殖正是解决动物蛋白原料来源缺乏的重要
途径之一，同时也非常符合我国国情。蚯蚓不仅可以替代鱼粉，而
且还可作为饲料或添加剂来饲养畜、禽及鱼类，可大幅度提高经济
效益。

总之，蚯蚓分布广，适应性强，繁殖快，抗病力强，用途广
泛，养殖的原料十分普遍、廉价，养殖方法简单，经济效益和社会
效益也很高。因此，在我国广大农村和城市均可进行蚯蚓的养殖及
开发利用。蚯蚓养殖这一项目也将被越来越多的人看好，前景十分
广阔。

第二章　蚯蚓场的投资决策和分析

不管是建立一个大或中或小的蚯蚓养殖场，都需要场地、建筑物、设备用具、饲料、饲养管理人员等，这些均需要资金的投入。投入的资金分配是否合理，将直接影响蚯蚓场的正常生产和效益的提高。因此，建场前一定要进行市场调查分析，根据自身具备的条件，正确确定经营方向、经营方式、生产规模，以及资金的估算，保证资金的合理、有效利用，并保证生产顺利进行。

第一节　蚯蚓场的投资决策

一、市场调查分析

（一）引种的调查

很多场家急功近利，为了节约成本，对养殖动物进行近亲交配，结果导致种群退化。在选种时，投资者最好在专家或同行的指导下，选用经国家有关部门鉴定的品种。这些品种多种系纯正，都是科研单位、教学单位和经过国家验收认定的育种场培育的。在引种上，投资者绝不能贪图便宜引进假种。社会上有许多昨天刚挂牌，今天就卖种的场家，应引起警惕。对此，在引种前，投资者应多考察几个场家，然后到较有信誉的单位引种。引种时，投资者要查看场家的各种证件，此外，还要查看所引品种的档案资料、系谱记录、《特种畜禽生产经营许可证》等，以防止上当受骗。

（二）资金的需求量

特种养殖业最大的问题就是一哄而上，而且情况非常普遍。特种养殖引种贵，把握不好行情，没等见效益，产品就没了市场，前期的投资就白搭了。有的项目需要资金较多，很多投资者本钱少，赶不上好行情，后续投资就没有了，结果前期的投入也白费了。因此我们要根据自己的实际情况，量力而行。

（三）适销品种的调查

蚯蚓的品种很多，如养殖目的以蚯蚓作为动物活饵料为主，或作种源出售，或作为药材原料出售，或作为加工蛋白质饲料的原材料等，养殖目的不同，其养殖的品种也不同，不同的地区对产品的需求也有较大的差异。因此，进行适销品种调查，为不同市场需求提供不同的产品，做到产销对路。

（四）市场容量的调查

通过调查区域市场的总容量、批发市场的销量、销售价格变化等，以市场情况确定规模和性质。正在养殖生产中的养殖场，还应调查本场产品所占本区域的比例，尚有哪些可占领的市场空间以及外区域的市场空间，并常对销售价格进行调查，有利于养殖场及时发现市场销量、价格发生的变化，查找原因，及时调整生产方向和销售策略。

（五）产品要求调查

蚯蚓产品有多种类型，不同的消费者对产品的形状、数量以及质量的要求有所不同。如养殖龟、蛙类、鱼等的需求者需要的是活动的蚯蚓，消耗快，需求量也大；而药材市场、药厂以及医院需要的是经加工的干蚯蚓；饲料厂将其粉碎作为高蛋白饲料出售等。不同地区对产品的需求有较大的差异。因此，通过产品需求的调查，对产品结构进行调整，以满足不同的市场需求。

（六）市场供给调查

养殖企业（场）要想获得好的经济效益，不但要调查需求方面的情况，而且还要对当地区域产品供给量、外来产品的输入量以及相关替代产品等情况进行调查。

另外，还应预测当地养殖企业（户）等在下一阶段的产品上市量。另外，由于目前信息及交通都较发达，跨区域销售的现象非常普遍，外来产品会明显影响当地的市场容量、价格、货源持续的时间等，应作充分了解，做出准确的评估，以便确定生产规模或是调整生产规模。

相关替代产品的情况也要进行了解，饲料类中的黄粉虫、蝇蛆、小杂鱼等都会影响蚯蚓在活饵料方面的销售；蝎子、土鳖虫、蜈蚣等药用材料也会对蚯蚓在药材销售方面有一定的影响。

另外，还需对竞争者产品的优势、所占市场份额、生产能力、产品的缺陷和消费者对主要竞争者产品的认可程度，以及未在竞争产品中体现出来的消费者的需求进行调查。

（七）销售渠道的调查

蚯蚓的销售渠道有多种，如养殖场（户）→批发商→零售商→消费者；养殖场→药厂→消费者；养殖场→饲料厂→消费者；养殖场→零售商→消费者；养殖场→其他禽类养殖场。调查掌握销售渠道，做到以产定销，有利于养殖场的资金周转，提高经济效益。

（八）价格定位

蚯蚓养殖必须有以最低价销售还能赚钱的思想准备。蚯蚓产业是在市场经济条件下形成的，如果其市场最低价与成本不相上下时，就不能盲目大量养殖。

二、市场调查方法

市场调查方法很多，有问卷调查、实地调查、访问法和观察法等。但目前蚯蚓市场调查多采用访问法和观察法。

（一）访问法

访问法即与消费者、批发商、零售商以及市场管理部门对市场的销量、价格、品种比例、品种质量、产品形式、货源、客户经营状况、市场状况等进行自由交谈、记录，获取所需要的市场资料。

（二）观察法

观察法指选择适当的时间段，对调查对象进行直接观察、记录，以取得市场信息。对市场经营状况、产品质量、档次、客流量、价格、产品的畅销品种和产品形式以及顾客的购买情况等，结合访问等得到的资料，初步综合判断市场经营状况。可以掌握批发商的销量、卖价以及市场状况，收集一些难以直接获得的可靠信息，并灵活运用，灵活调整养殖规模和加工产品的形状，以取得更好的经济效益。

第二节　蚯蚓场的投资分析

经过市场调查后，确定好养殖方式，选择蚯蚓场场址，培养养殖人员的养殖、管理及采收等技术。然后进行投资建设。

一、资金和物力投资

（一）建场的围墙

根据蚯蚓场周长的长短不同和所用于建围墙的材料性质不同，投资金额也不同。采用竹子和砖木相结合的围墙，则投资成本相对小，但是竹子容易破损有洞隙，1 年左右朽烂需要重建。用普通砖建造的围墙，坚固及防护性能都好，但是投资成本及工程量相对大，只适合小面积养殖。而石棉瓦、塑料膜、塑料布及尼龙网等则适合大面积养殖场，成本比较低廉，但易坏，更换的次数相对较多。

（二）种源

不同区域的种蚯蚓的售价差异比较大，是一项较大的投资，因此要多看质量，比较好再购买。

（三）饵料

小型养殖场，其饵料也相对消耗少，晚上采用引虫灯基本能解决。而大型养殖场必须养殖活体饵料，如黄粉虫、黑粉虫及蝇蛆等，并需准备喂蚯蚓的死饵料和制作喂蝌蚪的豆浆。

（四）其他支出

水电、运输、工资、药品、场地租金、工作管理房屋的建设及购置设备等的投资。

二、蚯蚓养殖场投资预算和效益估测

(一)投资预算

投资预算有利于资金筹集和准备，也是项目可否施行的依据。分为固定投资预算、流动投资预算和不可预见的费用预算。

1. 固定投资预算

包括场地设计费用、改造费用、建筑费用、设备费、安装费和运输费等费用的预算。可根据当地的土地租金、建筑面积、建筑材料类型、电力设备、污水处理或是利用设备及饲料、运输等的价格来大概预算固定资产的投资数额。

2. 流动投资预算

指在产品上市前所需要的资金，包括引种、运输、饲料、药品、工人工资、水电等费用，可粗略预算出流动资金数目。

3. 不可预见的费用预算

不可预见的费用预算主要是考虑所采用的建筑材料和生产原料的涨价及其他不可预测的损失。

(二)效益估测

按照养殖场的规模大小，所预算的引种费、饲料费、工资、水电费及其他开支，可估算出生产成本，并结合产品的销售量及产品上市时的估计售价，进行预期效益核算。

按 1 亩计算：

第一年投资：基料 100 米^3，40 元/米^3，计 4000 元。蚯蚓种 200 千克，60 元/千克，计 12000 元。占地费 500 元，生产性费用 2000 元，人工费 10000 元。合计投资 28500 元。

第一年收入：蚯蚓 1200 千克，30 元/千克，计 36000 元。蚯蚓粪 30 米^3，120 元/米^3，计 3600 元。合计收入 39600 元。

纯利润：39600 元－28500 元＝11100 元。

第二年之后，由于不再投入蚯蚓种费用，而蚯蚓产量可达 1500～2000 千克，某些生产资料还可重复利用，则纯利润可达 20000～25000 元。

第三章 蚯蚓的生态学特性

第一节 蚯蚓的品种

一、赤子爱胜蚓

赤子爱胜蚓属于正蚓科，爱胜蚓属。商品名北星 2 号、大平 2 号。其主要特征为：体长 30～130 毫米，一般短于 70 毫米，体宽 3～5 毫米。身体呈圆柱形，体色多样，一般为紫色、红色、暗红色或淡红褐色。成熟时体重一般每条为 0.5 克左右。

一般说来，其背孔从第 4～5（有时第 5～6）节间开始。生殖带一般位于第 24～32 节（或第 25～33 节）。性隆脊位于第 27～31 节。刚毛紧密对生。雄孔 1 对，在第 15 节，有大腺乳突；雌孔 1 对，在第 14 节腹部的外侧，受精囊 2 对，位于第 9～10 节、第 10～11 节。砂囊大，位于第 17～19 节。贮精囊 4 对，在第 9～12 节，末对最大。其蚓茧较小，呈椭圆形，两端延长，一端略短而尖，每蚓茧内可有 2～6 条幼蚯蚓，多数为 3～4 条，由于人工养殖的发展，其分布已遍及全国。

该种趋肥性强，在腐熟的堆肥及腐烂的有机质（纸浆与污泥）中可发现，繁殖力强，一年能增殖 20～40 倍，十分适合人工养殖。本种在我国有以下几个品种。

（1）北京条纹蚓 由中国农业科学院在北京地区从野外的爱胜蚓中选育出来的。本品种适应性强，繁殖率高，喜食纸浆泥、畜粪、蘑菇渣等有机质，要求湿度为 70%～80%。

（2）重庆赤子爱胜蚓 由重庆第一师范学校选育出来的优良品

种，适于人工养殖。

（3）眉山赤子爱胜蚓　由重庆第一师范学校选育出来的优良品种，适于人工养殖。

（4）大平2号　是由美国红蚯蚓与日本花蚯蚓杂交而成。生长快，成熟早。寿命可达3年以上，比一般蚯蚓长3～4倍，繁殖力高300～600倍，每条鲜重0.5克左右。生育期70～90天，趋肥性强，适应性和抗病性都强，饲料来源广泛，饲养技术简单，易为广大群众所掌握。猪粪、牛粪、农家粪肥、稻草、麦草、锯末，以及阴沟、造纸厂、食品厂、屠宰场排出废物的污泥及垃圾等均可作为饲料。

（5）川蚓1号　川蚓1号是由四川省的科研工作者用台湾环毛蚓、赤子爱胜蚓及大平2号品种经多元杂交选育出来的一个新品种，属赤子爱胜蚓类。本杂交种的个体均匀，鲜红褐色，体长100～200毫米，体宽6毫米左右。其优点是周年可繁殖，产卵多，平均每2天可产1个蚓茧，每个蚓茧可孵化4～10条幼蚓，适于推广应用。

二、红色爱胜蚓

红色爱胜蚓为正蚓科，爱胜蚓属。其主要特征为：体长25～85毫米，体宽3～5毫米，体节120～150个。身体呈圆柱形，无色素。体色呈玫瑰红色或淡灰色。

一般来说，背孔自第5～6节间开始。环带位于第15节、第16～32节。性隆脊常位于第29～31节。刚毛较密，对生。雄孔在第15节。贮精囊4对，在第9～12节。受精囊2对，有短管，开口于第9～10节和第10～11节间背中线附近。

主要分布在我国华北、东北地区。

三、红正蚓

红正蚓为正蚓科，正蚓属。主要特征是：体长50～150毫米（一般体长在60毫米以上），体宽4～6毫米。身体呈圆柱形，有时后部背腹扁平。体色呈淡红褐色或紫红色，背部为红色。

一般说来，背孔自第5～6节间至第8～9节间开始。环带位于第26节、第27～31节、第32节。性隆脊常位于第28～31节。刚毛较密，对生。雄孔在第15节上，不明显。无腺乳突。贮精囊3对，在第9节、第11节和第12～13节上。

四、绿色异唇蚓

绿色异唇蚓为正蚓科，异唇蚓属。其主要特征是：体长30～70毫米，体宽3～5毫米，体节80～138个。身体圆柱形，体色多变，常为绿色，或黄色、粉红色、灰色。

一般来说，口前叶为上叶的，背孔自第4～5节间开始。环带位于第28节、第29～38节。刚毛紧密对生。雄孔在第15节上，有隆起的大腺乳突，向前后分别延伸至第14节和第16节。在第9～12节上有贮精囊4对。受精囊3对，开口于第8～9节、第9～10节、第10～11节间。

主要分布于江苏、安徽、四川、重庆等地。

五、长异唇蚓

长异唇蚓为正蚓科，异唇蚓属。其主要特征是：体长90～150毫米，体宽6～9毫米。身体呈圆柱形，背腹末端扁平，体色为灰色或褐色，背部微红色。

一般来说，其口前叶为上叶的，背孔自第12～13节间开始。环带位于第32节、第33～34节、第35节。刚毛紧密对生。雄孔在第14节上，在第9～12节上有贮精囊4对，前对较小。受精囊2对，有短管，开口于第9～10节、第10～11节间。

六、背暗异唇蚓

背暗异唇蚓为正蚓科，异唇蚓属。其主要特征是：体长100～270毫米，体宽3～6毫米，体节93～170个，身体背腹末端扁平。体色多样，暗蓝色、褐色或淡褐色、微红褐色，无紫色，从环带后到体末端色浅，但渐变深，有时可见微红色。

一般来说，口前叶为上叶的，背孔从第7～8节间开始。环带马鞍形，棕红色，位于第26～34节。第31～33节腹侧有两纵性隆脊。每节有刚毛4对，排列紧密而对生。雌孔1对，在第14节腹面外侧。受精囊孔2对，位于第9～10节或第10～11节间。雄孔大，1对，横裂状，在第15节上。

本种在我国各省、市、自治区都可以找到，生长在潮湿而有机物较多的环境里。此种蚯蚓的抗逆性强，但繁殖率比赤子爱胜蚓低。在我国南方地区，冬天也能照常生活，还能繁殖后代。适合人工养殖。

七、暗灰异唇蚓

暗灰异唇蚓为正蚓科，异唇蚓属。其主要特征是：体长100～270毫米，体宽3～6毫米，体节118～170个。身体呈暗灰色。

一般来说，背孔从第8～9节间开始。环带位于第26～34节，呈马鞍形。刚毛每节4对。雄孔、雌孔各1对。受精囊孔2对，在第9～10节、第10～11节间沟，无乳头突。在第9～11节腹刚毛周围腺肿状。砂囊大而长，位于第17节、第19节，其前有嗉囊。贮精囊4对，在第9～12节，前2对较小，发育不全。精巢游离，无精巢囊。受精囊孔2对，圆而小，其管极短。

主要分布于江苏、浙江、安徽、江西、四川、北京、吉林等地区。

八、微小双胸蚓

微小双胸蚓为正蚓科，双胸蚓属。体细长，长30～65毫米，宽1.5～3毫米，体节65～106个。背面极少色素，有时略带淡红色，中部为浅灰青色或浅黄色，前端及后端小部分为棕红色或棕色。环带肉红色。

一般说来，其口前叶为上叶的，背孔自第5～6节间开始。刚毛细，每节4对。环带马鞍形，位于第23节、第24～30节、第31节、第32节。性隆脊不明显。雄性生殖孔1对，在第15节腹侧有 2 个淡黄褐色乳突。贮精囊 2 对，在第 11 节和第 12 节。砂囊大，位于第 14～18 节，前端有一嗉囊。

本种分布很广，全国各省区都可以找到，喜欢在湿润而有机质多的环境中生活和繁殖。

九、日本杜拉蚓

日本杜拉蚓为链胃科，杜拉属。其主要特征是：体长 70～200 毫米，体宽 3～5.5 毫米，体节 165～195 个。无背孔，背面青灰或橄榄色，背中线紫青色。

一般说来，其环带肉红色，位于第 10～13 节间。第 10 和第 11 节腹面无腺表皮。刚毛每节 4 对。雌性生殖孔 1 对，在第 10 节的后缘。雄性生殖孔 1 对，在第 11～12 节间。受精囊孔 1 对，在第 7～8 节间。在第 7～12 节腹面，有不规则排列的圆形乳头突，有的缺少此乳头突。砂囊 2～3 个，位于第 12～14 节。卵巢在第 11 节前面内侧。受精囊小而圆。

本种分布甚广，我国华南、华东、华北、东北、西南及长江流域等地均有分布。

十、天锡杜拉蚓

天锡杜拉蚓为链胃科，杜拉属。其主要特征是：体长 78～122 毫米，体宽 3～6 毫米，体节 146～198 个。

一般说来，其口前叶为前叶的，背孔自第 3～4 节间始，环带位于第 10～13 节或分别向前、后延伸至第 9 和第 14 节。刚毛每体节 8 根，对生，较紧密。有阴茎 1 对，位于第 10～11 节间沟。雌孔在第 11～12 节间。受精囊孔 1 对。砂囊 2 个或 3 个，在第 12～13 节间。精巢囊在第 9～10 节隔膜背侧。精管膨部长或短，末端由阴茎退出。受精囊圆形。精管膨部长柱状，可达 2 毫米长。基部有孔突和腺体。

主要分布于浙江、江苏、安徽、山东、北京、吉林等地。

十一、威廉环毛蚓

威廉环毛蚓属于巨蚓科，环毛蚓属。主要特征是：该种个体较大，成熟个体体长一般在 100 毫米以上，大的可达 250 毫米，体宽 6～12 毫米。体背面为青黄色或灰青色，背中线为深青色，俗称"青蚯蚓"。

一般说来，生殖节（环带）位于第 14～16 节上。环带呈指环状，无刚毛。体刚毛较细，前端腹面毛稀而不粗。雄孔 1 对，在第 18 节两侧的交配腔内，受精囊孔 3 对，在第 6～7 节、第 7～8 节、第 8～9 节节间，孔在一横裂中小突上。雌孔 1 个，在第 14 节中央。蚓茧呈梨状，每蚓茧中有 1 条幼蚓，极少数有 2 条。

本种为土蚯蚓，喜生活在菜园地肥沃的土壤中，适于人工养殖。

主要分布在湖北、江苏、安徽、浙江、北京、天津等地。

十二、直隶环毛蚓

直隶环毛蚓属于巨蚓科，环毛蚓属。其主要特征是：体长 230～345 毫米，体宽 7～12 毫米，体节 75～129 个。背部呈深紫红色或紫红色。

背孔自第 12～13 节间开始。环带位于第 14～16 节，呈戒指状，无刚毛。体上刚毛环生，一般中等大小，前腹面稍粗，但不显著。雄孔 1 对，位于第 18 节腹两侧，在皮褶之底中间突起之上，该突起前后各有一较小的乳头，皮褶呈马蹄形，形成一浅囊。雌孔 1 个，在第 14 节腹面中央。受精囊孔 3 对，在第 6～7 节、第 7～8 节或第 8～9 节间。受精囊盲管内侧 1/3 有数个弯曲，下部 2/3 为管。

主要分布于天津、北京、浙江、江苏、安徽、江西、四川和台湾等地。

十三、参环毛蚓

参环毛蚓属于巨蚓科，环毛蚓属，是我国南方大型蚯蚓种类，鲜体重每条可达 20 克左右。其特征是：体长 115～375 毫米，体宽 6～12 毫米，背部呈紫灰色，后部色稍浅，刚毛圈白色。

一般说来，背孔从第 11～12 节间开始。环带占 3 个环节，其上无背孔和刚毛。雄孔在第 18 节腹侧刚毛圈的一小乳突上，外缘有数圈环绕的浅皮褶，内侧刚毛圈隆起，前后两边每边有 10～20 个不等的横排小乳突。受精囊孔 2 对，位于第 7～8 节和第 8～9 节间。

该种分布在我国南方沿海的福建、广东、广西、海南、台湾、香港、澳门等地，是广东的优势种。

十四、通俗环毛蚓

通俗环毛蚓属于巨蚓科，环毛蚓属。其主要特征是：体长 130～150 毫米，宽 5～7 毫米，体节 102～110 个。背部呈草绿色，背中线为深青色。背部呈深紫红色或紫红色。

一般说来，其环带位于第 14～16 节，呈戒指状，无刚毛。体上刚毛环生，前端腹面疏而不粗。受精囊孔 3 对，在第 7～9 节间。受精囊盲管内侧 2/3 在同一平面左右弯曲，与外端 1/3 的盲管有明显的区别，贮精囊 2 对，在第 11 节、第 13 节。卵巢 1 对，在第 12～13 隔膜下方。

主要分布在我国江苏、湖北、湖南等省。

十五、湖北环毛蚓

湖北环毛蚓为巨蚓科，环毛属。主要特征是：体长 70～222 毫米，体宽 3～6 毫米。背部呈草绿色，背中线为紫绿色或深橄榄色，腹面呈青灰色，环带为乳黄色。

一般来说，其腹面刚毛较稀，其他部位刚毛细而密，但环带后较疏。雄孔 1 对，在第 18 节腹侧的刚毛线一平顶乳突上开孔。雌孔 1 个，在第 14 节腹面正中。受精囊孔 3 对，在第 6～7 节、7～8 节、第 8～9 节后侧的小突上。在第 17～18 节和第 18～19 节间沟各有 1 对卵圆形乳头突。

本种在土粪堆、肥沃的菜园土中易发现，主要分布于湖北、四川、重庆、福建、北京、吉林及长江下游等地。

十六、河北环毛蚓

河北环毛蚓为巨蚓科，环毛属。其主要特征是：体长 107～160 毫米，体宽 5～8 毫米，有 66～120 个体节。身体呈圆柱形，中等大小，体色青褐色，背部为灰褐色。

一般说来，其口前叶为上叶，背孔自第 12～14 节间始。环带占 3 节，无刚毛。刚毛在第 2～9 节的腹面，雄孔在第 18 节腹面两侧的小交配腔内。受精囊孔 3 对，位于第 6～9 节间，孔区前后有腺肿状的唇。

主要分布于河北等地。

十七、白颈环毛蚓

白颈环毛蚓的主要特征是：体长 75～150 毫米，体宽 3～5 毫米，背部为灰色或栗色，后部淡绿色。环带位于第 14～16 节，腹面无刚毛，具有分布广、定居性较好的特点。

分布于长江中下游一带。适合在菜地和甘蔗地等作物地里养殖。

第二节 蚯蚓的形态特征

一、外部形态特征

蚯蚓体细长而圆，其长短及粗细因种类不同而有所不同，最大的个体长达 1～2 米，最小的个体不足 1 毫米。我国最小的为陆栖娃形环毛蚓，大型的为分布于福建、广东、广西等地的参环毛蚓，长 115～375 毫米，宽 6～12 毫米。

（一）体形

按蚯蚓的体形大小可分为大、中、小三种类型。

（1）大型蚓蚓　大型蚓蚓体宽超过 0.5 毫米，体长大于 100 毫米，刚毛较短，体壁肌肉发达，适于在地上爬行。多为较高等的种类，如巨蚓科、正蚓科的种类。

（2）中型蚓蚓　体宽在 0.2～0.5 毫米，体长在 30～100 毫米，刚毛呈长发状，多为水栖蚓蚓，多栖息于水底泥沙中或湿度较高的土壤中，如颤蚓科、单向蚓目的种类。

（3）小型蚓蚓　体宽在 1～1.8 毫米，体长在 10～25 毫米，刚毛呈长发状，多为水栖蚓蚓，如后囊蚓科的种类。

同一种类的蚓蚓，因生活环境有差异，体形差别也很大。

（二）体态

一般蚓蚓为细长圆柱形，有时略扁，头尾稍尖，略扁，整个身体由若干环节组成，体表分节明显，无骨骼，体表被一薄而具色素的几丁质层，除前两节外，其余体节上均生有刚毛。

（三）体色

蚓蚓的体色因种类不同而有所差别，即使是同一种类同一个体的蚓蚓，在不同的生活环境中，其体色也大不相同。

陆栖蚓蚓因所栖息的环境不同，其出现不同的体色。蚓蚓的背部、侧面大都呈棕色、紫色、红色或绿色，腹部颜色较浅。另外，蚓蚓还具有一定的变色能力，常随栖息环境的变化而有所改变。人工饲养的背暗异唇蚓，若栖息在湿度较大的黑色土壤中，其体色呈黑褐色，若栖息于较干的灰色土壤中，其体色近于粉红色。

栖息于水里的蚓蚓体壁一般无色素，体壁不透明的常呈淡白色或灰色，或因血红蛋白存在于体壁毛细血管中而呈粉红色和淡红色，有的表皮细胞中呈其他颜色。

有的种类的蚓蚓在受到刺激时，身体还会发出荧光。

（四）体节

组成蚓蚓身体的各个环节是不尽相同的，前部体节和生殖带一般最宽。不同种类的蚓蚓，体节数目的差异很大，多的可达 600 多个，少的仅 7 个，一般为 110～180 个。

（五）刚毛

蚯蚓体表的刚毛因种类不同而有差异，有刚毛、钩状毛、生殖刚毛等类型。刚毛的主要作用是运动时能抓住土层。刚毛的形状因种类不同、在身体上所处的位置不同而异，多为棒状，或呈针状。

（六）开孔

蚯蚓体表还有很多孔，如背孔、头孔、肾孔、雄性生殖孔（简称雄孔）、雌性生殖孔（雌孔）、受精囊孔等，开孔的形状和部位可作为鉴别依据。

位于背中线节间沟内的孔为背孔。水生或半水生种类无背孔。

肾孔很小，位于身体侧面节间沟后方，常沿身体两侧扩展或单行排列，肾孔是排泄器官——肾管的开口。

生殖孔在身体的腹面或腹侧面成对向外开口。如巨蚓的雄孔位于第15节腹侧面，孔在一呈裂缝状的凹陷内，有些种类的雄孔周围还有突出的唇状突或以腺乳突为界并延伸至邻近体节。不同科的蚯蚓雄孔可能位于完全不同的体节。

雄孔及前列腺孔两者都可能开口于突出的乳突或隆脊上，也可直接开口于体表。有的种类雄孔与前列腺孔合开一个口，若是分开开口，则常与位于腹两侧的纵行精液沟连接。蚯蚓一般有两对或多对受精囊孔，受精囊与孔常不成对，环毛蚓有1列简单的位于腹中线的孔。受精囊孔常位于节间，多在腹面或侧腹面，少数种类有时也接近背中线。

雌孔大多为1对，在节间沟或体节上，如巨蚓科、舌文蚓科的蚯蚓雌孔在第14节上，有时两个雄孔也合成1个位于中间。

（七）生殖带及附属结构

生殖带是表皮的腺体部分，与蚓茧（卵包）的产生有关，呈马鞍状或环状结构，正蚓科种类大多似马鞍状，环毛蚓多为环状。虽然生殖带有时仅外部颜色与身体其余部位不同，但是经常呈肿胀状。当成熟的正蚓科种类生殖带肿胀时，节间沟常不明显或模糊不清，特别是背面部分。

生殖带的位置往往扩展超过其节数，不同种类其扩展程度也不同。正蚓科的蚯蚓生殖带位于身体前部生殖孔的后方，开始于第22节和第38节之间，向后延伸4～10节。一些水生或半水生的蚯蚓以及线蚓科的蚯蚓生殖带只是在卵形成期才短暂发育。正蚓科的蚯蚓生殖带也仅在繁殖季节才明显可见。

性成熟时，大多数蚯蚓的前部腹面有许多性突起，突起和乳突等各种标志的数量和形状在不同种的蚯蚓个体上都大不相同。性突起由腹面上的腺体加厚而成，位于或近于生殖带。正蚓科具有成对的近乎卵圆形的纵行脊，有时被节间沟部分分隔，或者将乳突分隔在生殖带腹面的两侧。性突起经常延伸数节，但比生殖带所占据的节数少，除正蚓科的一些种类外，都延伸到生殖带之外。无受精囊的种类常无性突起。性突起和乳突的功能是帮助蚯蚓交配时容易紧贴。

二、内部结构

（一）消化系统

蚯蚓的消化系统由较发达的消化管道和消化腺组成。消化管道由口腔、咽、食管、嗉囊、砂囊、胃、肠（小肠、盲肠、直肠）、肛门所构成。口腔为口内侧的膨大处，较短，位于围口囊的腹侧，只占有第2体节或第1～2体节；腔壁很薄，腔内无颚和牙齿，不能咀嚼食物，但能接受、吸吮食物；口腔之后为咽，咽壁具有很厚的肌肉层，它向后延伸到约第6体节处。口腔内壁和咽上皮均覆盖有角质层。咽部具有很多辐射状的肌肉与体壁相连，咽腔的扩大或缩小或外翻均靠肌肉的收缩来完成，便于蚯蚓取食。所以，一般蚯蚓喜欢吞食湿润、细软的食物，而干燥、颗粒大、较坚硬的食物较难以取食。一些大型陆栖蚯蚓，如正蚓科环毛蚓属和异唇蚓属的种类，在咽的背壁上有一团灰白色、叶裂状的腺体，即咽腺，它可分泌含有蛋白酶、淀粉酶的消化液。可见蚯蚓的咽除具有摄食、贮存食物功能外，还具有消化作用。

紧接咽后部的细管即为食管。水栖蚯蚓的食管具有钙腺，其形态、数量和位置常随种类而异。钙腺也是分类上的重要依据之一。通常，钙腺是食管壁左右两侧突出的一对或多对囊状腺体。现已证明，钙腺对酸碱调节具有重要的作用。它能维持消化系统的正常机能，稳定氢离子浓度，有助于消化酶和消化道内共生的有益微生物的活动，并且对体内二氧化碳的排出也有重要作用。

嗉囊为食管之后一个膨大的薄壁囊状物。它有暂时贮存、湿润和软化食物的功能，也有一定的过滤作用，还能消化部分蛋白质。某些种类缺乏嗉囊和砂囊。

在嗉囊之后，紧接的是坚硬而呈球形或椭圆形的砂囊，即所谓的"胃"。有些蚯蚓仅具 1 个砂囊，占 1 个或多个体节。通常陆栖蚯蚓均具砂囊。砂囊具有极发达的肌肉壁，其内壁具有坚硬的角质层。在砂囊腔内常存有砂粒。因砂囊的肌肉强烈收缩、蠕动，可使食物不断受到挤压，加上坚硬的角质膜和砂粒的碾磨，食物便逐渐变小、破碎，最后成为浆状食糜，便于吸取。砂囊的存在，是蚯蚓为适应在土壤中生活的结果。因胃壁上具有腺体，能分泌淀粉酶和蛋白酶，故胃是蚯蚓重要的消化器官。

胃之后紧接一段膨大而长的消化管道即小肠，有时又称为大肠。其管壁较薄，最外层为黄色细胞形成的腹膜脏层，中层外侧为纵肌层，内侧为环肌层，最内层为小肠上皮。上皮细胞由富有颗粒及液泡的分泌细胞和长形、锥状的消化细胞组成，可以分泌含有多种酶类的消化液，消化并吸收营养。小肠沿背中线凹陷形成盲道，这有助于小肠的消化和吸收。但水栖种类无此构造。大部分食物的消化和吸收都在肠中进行。

环毛蚓属的种类在第 24 体节处小肠侧面常有 1 对盲肠。它与小肠相通，并分泌多种消化酶，如蛋白酶、淀粉酶、脂肪酶、纤维素酶，几丁质酶等。小肠后端狭窄而薄壁的部分为直肠，一般无消化作用，其功能是促使消化吸收后的食物残渣变成蚓粪并由此经肛门排出体外。

（二）循环系统

蚯蚓的循环系统由纵血管、环血管和壁血管组成，属闭管式循环。血管的内腔为原体腔被次生体腔不断扩大排挤，残留间隙形成。纵血管有位于消化管背面中央的背血管和腹侧中央的腹血管。腹血管较细，血液自前向后流动。紧靠腹神经索下面为一条更细的神经下血管，食管两侧各有一条较短的食管侧血管。背血管较粗，可搏动，其中的血液自后向前流动。

环血管主要有心脏4～5对，在体前部，位置因种类不同而异。心脏连接背腹血管，可搏动，内有瓣膜，血液自背侧向腹侧流动。

壁血管连于背血管和神经下血管，除体前端部分外，一般每体节1对，收集体壁上的血液入背血管。蚯蚓的血管未分化出动脉和静脉，血液中含有血细胞，血浆中有血红蛋白，故显红色。血循环途径主要是背血管自第14体节后收集每体节一对背肠血管含养分的血液和一对壁血管含氧的血液，自后向前流动。大部分血液经心脏入腹血管，一部分经背血管在体前端至咽。食管等处的分支入食管侧血管。腹血管的血液由前向后流动，每体节都有分支至体壁、肠、肾管等处，在体壁进行气体交换，含氧多的血液于第14体节前回到食管侧血管，而大部分血液（第14体节后）则回到神经下血管，再经各体节的壁血管入背血管。腹血管于第14体节以后，在各体节于肠下分支为腹肠血管入肠，再经肠上方的背肠血管入背血管。

(三) 呼吸系统

陆生蚯蚓一般没有特殊的呼吸器官，其主要通过湿润且布满毛细血管网的皮肤进行气体交换，从而获得氧气，排除二氧化碳。

蚯蚓的呼吸过程，不管是体壁还是鳃，首先是氧气溶解在呼吸器官表面的水中，然后再通过渗透作用，氧经表皮进入毛细血管的血液中，氧与血红蛋白相结合，这样氧便随血液运送至蚯蚓身体各部位。同时将代谢产生的二氧化碳和废物也带至体表和肾管等器官，最后排泄到体外。

蚯蚓呼吸时，体表必须保持足够的湿润度，才能溶解空气中的氧气，这主要依靠背孔不时喷出体腔液来实现。一旦体表干燥，气体交换便无法进行，蚯蚓就会窒息而死。

（四）排泄系统

蚯蚓的排泄系统由多个肾管组成，是寡毛类氮排泄的主要器官，除前 3 节和最后 1 节外，第 1 节都有一对肾管，称为后肾，为排泄器官，其出口为漏斗状带纤毛的肾口。肾管很长，每节的肾管穿过体节后端的隔膜后盘旋。腹血管分出的血管网包围着肾管，肾管的后端变粗形成膀胱。肾管具有过滤、吸收和化学转化的特殊功能。后肾主要通过肾口从体腔中收集代谢产物，同时由于血管网的包围也能主动收集来自血液中的代谢产物。

另外，蚯蚓还能通过体表、消化道、肠上排泄管的开口、黄体细胞、肾孔、体壁黏液细胞，直接或间接地把代谢所产生的含氮废物连同一部分水和无机盐等物质，以尿液的形式排出体外。肾口连着一条较长的后隔膜管道，分为窄管、宽管、膀胱三部分。膀胱开口于肾孔，把废物排出体外。

不同种类的蚯蚓，其肾管的种类、数量、形状以及排泄尿液的途径往往不同。例如巨茎环毛蚓具有咽丛生肾管，参环毛蚓的肾管分隔膜肾管、体壁肾管和咽肾管。

（五）神经系统

蚯蚓的神经系统由中枢神经系统和外周神经系统组成，并且与身体的各种感觉器官、反应器官组成反射弧。中枢神经系统包括脑、围咽神经、咽下神经节和腹神经索等部分。外周神经系统是指由中枢神经系统向外周发出的所有神经，包括全部感觉神经和运动神经。

反射弧是由感觉器官中的感觉神经细胞、感觉神经纤维，腹神经索中的中间神经元，运动神经细胞及其纤维和反应器官构成。这是蚯蚓适应自然界生活的结果。

另外，蚯蚓的神经系统中也有一些分泌细胞，可以分泌激素。蚯蚓的激素是一类较复杂而具有活性的有机物质，具有生理调控机能作用。此激素对于蚯蚓的生殖、再生均有十分重要的影响。

（六）生殖系统

蚯蚓为雌雄同体动物，但大多数为异体交配受精，比单性动物的生殖系统复杂。生殖器官限于身体前部的少数几个体节，包括雄性和雌性器官以及附属器官、受精囊、生殖环带和其他腺体结构。

生殖细胞来自体腔隔膜上的上皮细胞，如环毛蚓具有两对精巢囊，分别位于第10体节、第11体节内，每对精巢囊的后方各有一对由体腔隔膜形成的贮精囊，位于第11体节、第12体节内，并与精巢囊有小孔相通。

雌性生殖器官由卵巢、卵囊、卵巢腔、雌性生殖管和受精囊构成。卵巢产生卵，其后开口于卵漏斗的背壁，其狭窄的后部形成输卵管，开口于体腹面，一般生殖带由厚的腺体表皮组成，特别是背部和侧部由三层腺体细胞（黏液腺、卵茧分泌腺和白蛋白腺）组成，能分泌一种黏稠物质，可形成黏液管和蚓茧。

雄性生殖器官由精巢、精巢囊、贮精囊、雄性生殖管、前列腺、副性腺和交配器构成。蚯蚓的精巢一般为一对，有的品种有两对，贮精囊内发育着精细胞，并充满了营养液。精巢囊和贮精囊相连处为发育着的精细胞的贮存囊，精子或漏斗囊都进入体节的后壁，精漏斗有很多褶。开口于雄性生殖管或输入管，即体外雄孔，前列腺与输精管后端相连，受精囊成对。

第三节　生物学特性

一、生活习性

养殖任何一种动物，都必须先了解它的生活习性，然后根据它的生活习性进行恰当的日常管理，就可获得较好的经济效益。如果不了解它的生活习性，盲目饲养则不可能得到良好的效益。有时可能适得其反，所以养殖之前，必须了解所养动物的生活习性，养殖蚯蚓也是一样，要想养好蚯蚓，并收到良好的效益，就必须首先了解蚯蚓的生活习性，再根据蚯蚓的生活习性搞好日常管理。由于蚯蚓品种较多，生活环境和喜食饲料也各不相同，所以它们的生活习性也略有差别，但是喜温、喜湿、喜暗、喜透气、怕光、怕盐、怕震、怕辣食等是其共同的特点。

蚯蚓大多喜温暖、湿润的土壤环境。若土壤表层或土壤中富含有机质，则更适宜蚯蚓的生长繁殖。不同种类生长的最适温度不同，一般多在 10～25℃。蚯蚓喜暗，在其体表口前叶有感光细胞，对光照很敏感，故除夜晚能到土壤表层觅食外，一般均在土壤表层下穿行，通常从下午 6 时至午夜活动较多。但也有例外的时候，在交配季节，那些在邻穴栖息的蚯蚓尚在凌晨就把身体的大部分露出穴外 1～2 小时，还有就是患病蚯蚓，它们在昼间爬来爬去，并可能死于地表。但应注意的是，并不是在地表爬来爬去的蚯蚓就是不健康的蚯蚓，我们通常可以在大雨过后某些地表面上见到蚯蚓。

正因为蚯蚓长期生活在土壤的洞穴里，于是它的身体形态结构与生活习性等方面必然会对生活环境产生一定的适应，这是自然选择的结果。

首先，头部因穴居生活而退化，虽然在身体的前端有肉质突起的口前叶，口前叶膨胀时能摄取食物，当它缩细变尖时又能挤压泥土和挖掘洞穴，但因终年在地下生活，不需要依靠视觉来寻觅食物，所以在口前叶上不具有视觉功能的眼睛而只有能感受光线强弱或具有视觉的一些细胞。

蚯蚓的运动器官是刚毛，也就是说它是依靠刚毛来活动的。利用刚毛，它能把身体支撑在洞穴里，或在地面上蜿蜒前进或后退。

蚯蚓的身体是由许多体节组成的，在体节与体节之间的背中央有一个小孔，叫背孔。背孔和身体内部相通，所以它的体腔液可以从这个小孔里射出来，利用这种液体湿润身体，以增加它在土穴中的滑润度，减少与粗糙沙土颗粒的摩擦，并防止体表干燥。此外，体表的湿润还与蚯蚓的呼吸密切相关，因为缺少特殊的呼吸器官，蚯蚓主要通过湿润的表皮来进行氧气与二氧化碳的气体交换。

蚯蚓的感觉器官也因为穴居生活而有所退化，只在皮肤上存在能感受触觉的小突起，在口腔内能辨别食物的感觉细胞，以及主要分布在身体前端和背面的感光细胞，这种感光细胞仅能用来辨别光线的强弱，并无视觉功能。

在达尔文进化全集的第十三卷提到，蚯蚓无眼，但能辨别光、暗；受强光照射时能迅速后退，但不是条件反射，而且光线是通过其强度及持续时间对蚯蚓产生影响的。如霍夫迈斯特断言和达尔文多次观察的那样，只有其身体前端（脑神经节所在地）才受光的影响，如果把这部分遮住，即使充分照射身体的其他部分，也不会产生什么影响；对热与冷敏感；蚯蚓没有听觉，但对振动与全身接触敏感。

概括起来，蚯蚓具有"六喜六怕"的生活习性。

（一）六喜

1. 喜阴暗

蚯蚓属夜行性动物，白昼蛰居泥土洞穴中，夜间外出活动，一般夏秋季晚上 8 点到次日凌晨 4 点左右出外活动，它喜欢生活在黑暗处，一般是钻在土层下觅食或钻在基料中觅食，黑夜时也有爬出地面觅食的。因怕光所以养成了昼伏夜出的习性。蚯蚓虽然没有眼睛，看不到光，但全身布满了感光器官，强光对蚯蚓的生长、繁殖极为不利，所以蚯蚓总在黑暗处活动，养殖环境应选在阴暗处。

2. 喜潮湿

自然陆生蚯蚓一般喜居在潮湿、疏松而富于有机物的泥土中，特别是肥沃的庭园、菜园、耕地、沟、河、塘、渠道旁以及食堂附近的下水道边、垃圾堆、水缸下等处。蚯蚓喜欢生活在潮湿的环境中，因而环境不能过于干燥，但也不能过于潮湿，不能浸泡（水蚯蚓除外）。这里所说的喜湿性包括两个方面，一是饲养基土的湿度，二是空气湿度，一般饲养基土的湿度要求在 40%～60%（手握基土指缝见水而不流下为好），空气相对湿度调节为 60%～80% 为好。

3. 喜安静

蚯蚓喜欢安静的环境。生活在工厂周围的蚯蚓多生长不好或逃逸，所以养殖场应选在安静的处所。不要震动或经常上下翻动基料土，经常震动将会对蚯蚓的生长繁殖造成不良影响。

4. 喜温

蚯蚓尽管呈世界性分布，但它喜欢生活在温暖的环境中。生长适宜温度为 15～30℃，0～5℃休眠，32℃以上停止生长，40℃以上死亡，最佳温度是 20～25℃。我们要想获得良好的养殖效益，那就要常年保持最佳温度 20～25℃的养殖环境。

5. 喜甜食和酸味

蚯蚓是杂食性动物，除了不吃玻璃、塑胶、金属和橡胶外，其余如腐殖质、动物粪便、土壤细菌以及这些物质的分解产物等物质都吃。蚯蚓味觉灵敏，喜甜食和酸味，厌苦味。喜欢热化细软的饲料，对动物性食物尤为贪食，每月吃食量相当于自身重量。食物通过消化道，约有一半作为粪便排出。

6. 喜同代同居

蚯蚓具有母子两代不愿同居的习性，尤其高密度情况下，小的繁殖多了，老的就要跑掉、搬家。

（二）六怕

1. 怕光

蚯蚓为负趋光性，尤其是逃避强烈的阳光、蓝光和紫外线照射，但不怕红光，趋向弱光。如阴湿的早晨有蚯蚓出穴活动就是这个道理。阳光对蚯蚓的毒害作用，主要是阳光中含有紫外线。阳光照射试验表明，红色爱胜蚓阳光照射 15 分钟 66% 死亡，20 分钟则 100% 死亡。

2. 怕震动

蚯蚓喜欢安静的环境，不仅要求噪声低，而且不能震动。桥梁、公路、飞机场附近均不宜建蚯蚓养殖场。受震动后，蚯蚓表现为不安，甚至逃逸。

3. 怕水浸泡

尽管蚯蚓喜欢潮湿环境，甚至不少陆生蚯蚓能在完全被水浸没的环境中较长久地生存，但它们从不选择和栖息于被水淹没的土壤中。养殖床若被水淹没后，多数蚯蚓马上逃走，逃不走的，表现为身体水肿状，生活力下降。

4. 怕闷气

蚯蚓生活时需要良好的通气，以便及时补充氧气，排出二氧化碳。对氨、烟气等特别敏感。氨超过17％时，就会引起蚯蚓黏液分泌增多，集群死亡。烟气主要含有二氧化硫、一氧化碳、甲烷等有害气体。人工养殖蚯蚓时，为了保温，舍内生炉，其管道一定不能漏烟气。

5. 怕农药

据调查，使用农药尤其是剧毒农药的农田或果园土壤里蚯蚓数量少。一般有机磷农药中的谷硫磷、二嗪农、杀螟松、马拉松、敌百虫等，在正常用量条件下，对蚯蚓没明显的毒害作用，但有一些如氯丹、七氯、敌敌畏、甲基溴、氯化苦、西玛津、西维因、呋喃丹、涕灭威、硫酸铜等对蚯蚓毒性很大。大田养殖蚯蚓最好不使用这些农药。有些化肥如硫酸铵、碳酸氢铵、硝酸钾、氨水等在一定浓度下，对蚯蚓也有很大的杀伤力。如氨水，农业上常用水稀释25倍施用，但蚯蚓一旦接触这种4％氨水溶液，少则几十秒，多则几分钟即死亡。所以，养殖蚯蚓的农田，应尽量多施有机肥或尿素，尿素浓度在1％以下，不仅对蚯蚓没有毒害作用，而且可以作为促进蚯蚓生长发育的氮源。

6. 怕酸碱

蚯蚓对酸性环境很敏感。当然，不同种类对环境酸碱度忍耐限度不同。八毛枝蚓、爱胜双胸蚓为耐酸种，可在pH3.7～4.7生活。背暗异唇蚓、绿色异唇蚓、红色爱胜蚓则不耐酸，最适pH值为5.0～7.0。碱性大也不适宜蚯蚓生活，据对环毛蚓在pH 1.0～12.0溶液中忍耐能力测定表明，在气温20～24℃、水温18～21℃情况下，pH值分别为1.0～3.0和12.0时，蚯蚓几分钟至十几分钟内便死亡。随着溶液酸碱度偏于中性，蚯蚓死亡时间会逐渐延长。目前人工养殖赤子爱胜蚓和红正蚓，最好把饲料调至偏弱酸性，这样有利于蛋白质等物质的消化。

二、运动性

蚯蚓的运动方式较特殊，主要由体壁、刚毛和体腔三部分的蠕动收缩来完成。

（一）运动方式

蚯蚓在运动时，几个体节成为一组，一组内的纵肌收缩，环肌舒张，体节则缩短，同时体腔内压力增高，刚毛伸出附着。相邻的体节组环肌收缩，纵肌扩张，体节延长，体腔内压力降低，刚毛缩回，使身体向前或向后运动。整个运动过程，由每个体节组与相邻的体节组交替收缩纵肌与环肌，使身体呈波浪状蠕动前进。蚯蚓每收缩一次，一般可前进 3 厘米左右，收缩的方向可反转，可做倒退运动。

（二）运动器官

1. 体壁

蚯蚓的运动主要由体壁、刚毛和体腔等器官完成。当体壁得到运动指令后，首先体壁的体节进行分组，一组使体壁固定附着在某物体上，另一组体壁收缩，使体壁变短后并固定，而前面一组向前延伸，固定附着后，后面一组再向前收缩。因此，蚯蚓体壁收缩蠕动是其运动的结果。

2. 刚毛

刚毛使体壁固定附着，当需要固定附着时，刚毛则从体壁的刚毛囊内伸出，而当体壁需要前时时，刚毛可收回到刚毛囊内。因此，刚毛可协助蚯蚓体壁完成收缩，若没有刚毛，其将无法前进或后退。

3. 体腔

体腔内收体腔液，蚯蚓通过控制体腔液的流动，使体腔内不同部位的压力发展变化，来迫使体壁的收缩，因此，体腔是协助蚯蚓完成运动。

三、穴居性

陆生蚯蚓属杂食性全期土壤动物,即终生在土壤中居住及生活。蚯蚓白天隐居洞穴,夜间才外出觅食,每分钟蠕动前进的行程约为其自然体长的2倍。蚯蚓具有钻土凿洞的本领,筑成的洞穴也是纵横交错,四通八达,大都位于深7~14厘米的表土层内。蚯蚓钻土时,先将身体前端变成尖楔状并伸长,钻入土中,然后利用膨胀后的口前叶,将四周土壤挤压推开。一伸一缩,向下推进,很快便钻成一条深入土中的"隧道"。一般孔道直径大小等同于蚓体收缩时的体宽,并随着蚓体的不断生长而逐渐扩大。在蚯蚓洞口,有蚓粪、沙粒、石子、土封塞或掩盖。当蚯蚓钻洞时前端朝下,排粪时后端伸出洞口,但在出洞觅食或交配时,前端却转而向上。

自然界中的蚯蚓在夜间爬出洞外,啃食泥土和地面的落叶等有机物,待3小时左右消化完毕后,退到洞口处排泄粪便,此粪便称为蚓蝼。若体内所含水分较多,排泄的蚓蝼呈小滴状喷泻而出;若所含水分较少,则蚓蝼呈缓慢运动的蠕虫状排出。成堆的蚓蝼有规则地排出,先排于一侧再排于另一侧,交替进行,最终形成塔状。其大小与蚯蚓体形有关,体形越大,蚓蝼越高。可根据蚓蝼的大小推断土壤中蚯蚓体形大小。

蚯蚓分布于洞穴中的深度与其种类、季节和温度有关。在1~2月土壤温度大约0℃时,多数蚯蚓在7.5厘米以下,但到了3月份,土温升到5℃时,蚯蚓就到10厘米深处,多数的绿色异唇蚓、背暗异唇蚓、红色爱胜蚓和长异唇蚓、夜异唇蚓、正蚓移至7.5厘米土层中,较大的蚯蚓仍停留在较深的土壤中。从6~10月,除新孵化出的幼蚓外,都开始至7.5厘米以下土层中。11~12月多数蚯蚓又开始到7.5厘米的土层中,促使蚯蚓移向更深土层的因素是土壤表层寒冷和干旱。除正蚓外,其他蚯蚓在夏季和冬季都要休眠,在这两个季节里,它们都停留在7.5厘米以下的土层中。在夏季休眠的蚯蚓比冬季更多,几乎所有的蚓茧都发现在15厘米顶端的土壤内,而且多数是在7.5厘米的顶部。

四、食性

蚯蚓为杂食性动物，食性极广，除了金属、玻璃、砖石、塑料和橡胶之外，几乎所有的有机物都能吃，尤其嗜食腐肉。蚯蚓摄取泥土中腐熟、分解的动物和植物残体，以及细菌、酵母菌、真菌、线虫和原生动物。在自然环境下，蚯蚓主要以表土层的枯枝、落叶、腐草和土壤中的虫卵、蚓尸等为食。在人工饲养条件下，蚯蚓喜欢吃菜叶、瓜果、稻草、腐烂的树叶、马铃薯、锯木屑、废纸渣和食品加工下脚料等，也摄食动物粪便，尤其喜欢食马粪、牛粪、猪粪等，对含盐量小于 1% 的咸味食物，既不嗜食也不拒食。因此，投喂蚯蚓的食物必须是有机物，必须经过发酵腐熟，且不可混入化学药品。

五、生活环境

由于蚯蚓属于变温动物，体温随着外界环境温度的变化而变化。外界温度、湿度、光照、酸碱度等不仅直接影响蚯蚓的体温及其活动，而且还影响到它们的新陈代谢以及生长、呼吸及生殖的强度。

（一）温度

不同种类的蚯蚓或同一种蚯蚓而处于不同生长发育阶段，对温度的适应范围也有较大的差异。不同种类的蚯蚓生长发育所需的适宜温度、最高致死温度和最低致死温度有所差异。

1. 适宜温度

适宜正蚓科蚯蚓生存的温度为 12℃，如红色爱胜蚓、背暗异唇蚓等，而红色蚓为 15～18℃，深红枝蚓为 18～20℃，赤子爱胜蚓为 25℃，绿色异唇蚓、蓝色辛石蚓为 15℃。

2. 致死温度

最高致死温度环毛蚓为 37～37.75℃，背暗异唇蚓为 39.55～40.75℃，红色爱胜蚓为 37～39℃，赤子爱胜蚓、威廉环毛蚓和天锡杜拉蚓为 39～40℃，日本杜拉蚓为 39～41℃。因随着土壤温度的增高，蚯蚓体表的水分会大量蒸发，使其降温，故致死的最高温度还可以稍稍升高。当温度降为0～5℃时，蚯蚓便会进入冬眠状态。此时，其抗寒能力最强，在冻土层中可发现大量的红色爱胜蚓。休眠状态的蚯蚓，当温度回升到15℃，经8～9小时即可自然复苏。温度影响蚯蚓的新陈代谢。因此，为了使蚯蚓正常生长繁殖。在夏季高温时必须采取降温措施，可以向养殖床洒水降温，并加以遮盖。随着冬季来临，气温逐渐降低，日照渐短，就必须考虑采取加温保温措施。

蚯蚓从孵化到性成熟生长各期均依赖温度，例如绿色异唇蚓进入休眠状态。在不热的地下室内29～42周达性成熟，在15℃时17～19周达性成熟，18℃时13周达性成熟。赤子爱胜蚓在18℃时9.5周即达性成熟，在28℃时只需6.5周即达性成熟。蚯蚓的生长发育与温度的高低有着密切的关系。在适宜温度条件下，当温度升高时，蚯蚓则加快发育，温度降低时，则延缓发育。而当接近最高温度时发育迟缓，超过最高适宜温度时，则会抑制发育。蚯蚓体重增加的快慢，与温度也十分密切。温度也影响蚯蚓的活动及代谢和呼吸。无数的报道和观察已证实，蚯蚓生长最好且喜爱选择的温度不一定是它们生长最快或最活跃时的温度，并且蚯蚓能从不喜爱的土壤温度中迁移。

（二）湿度

湿度对蚯蚓的生长发育、繁殖和新陈代谢有着极其密切的关系。蚯蚓对水分的吸收和流失，主要通过体壁和蚯蚓身体的各种孔道进行。水是蚯蚓的重要组成成分（体内含水量一般为75%～90%）和必需的生活条件。因此，防止水分流失是蚯蚓生存的关键。蚯蚓生活的自然环境和土壤过湿或过干，均对蚯蚓生活不利。蚯蚓对干旱的环境条件有一定的抵御能力，主要通过迅速转移到较潮湿的适宜环境中，或通过休眠、滞育或降低新陈代谢，减少水分的消耗。一旦抵御不了，蚯蚓会丧失体内水分而死去。当土壤水分达8%～10%时，蚯蚓便开始活动，当土壤中的水分达到10%～17%时，则十分适宜蚯蚓生活。反之，如果土壤中含水量太高，对蚯蚓的活动也十分不利。不同种的蚯蚓对失水存活极限也有差异。每当干旱季节延长，使蚯蚓数量显著减少，即使条件重新恢复之后，也需 2 年的时间才能使种群恢复，湿度是影响蚯蚓丰产、欠产的原因之一。

（三）光照

蚯蚓没有明显的眼，只有在表皮、皮层和口前叶这些区域具有类似晶体结构的感觉细胞。身体中部对光感觉稍差，后部仅有极轻微的反应。但当蚯蚓从黑暗中突然暴露于光照时，具有强烈的反应。一般蚯蚓为负趋光性，尤其惧怕强烈的光照刺激，蚯蚓对不同波长的光线有不同的反应，畏阳光、强烈的灯光、蓝光和紫外线照射，但不怕红光，所以蚯蚓通常在清晨和傍晚时出穴活动。试验结果表明：蚯蚓通常最适宜的光照度为 32～65 勒克斯，这比蜗牛的适宜光照度要低，这时蚯蚓静止不动；当光照度增至 130～250 勒克斯时，蚯蚓会出现负趋光反应，如果当光照度增至 190～200 勒克斯，蚯蚓会以极快的速度藏到较黑暗的地方。此外，阳光和紫外线对蚯蚓均有杀伤作用。因此，我们在养殖时应特别注意，可根据蚯蚓对光照反应的特点，避免将蚯蚓暴露在阳光下照射。不过可以利用蚯蚓对光照的反应，在养殖采收时加以利用。利用蚯蚓惧怕光线的特性来驱赶蚯蚓，使之与粪便分离，提高采收效率。另外，还可利用蚯蚓不怕红光的习性，在红光照射下，对蚯蚓的生活习性行为等进行观察和研究。不同种的蚯蚓以及蚯蚓个体的大小、发育成熟阶段的不同，对各种光照的反应和耐受性也有差异。

（四）空气

对蚯蚓生长繁殖等活动影响较大的是空气中氧和二氧化碳的含量。绝大多数的蚯蚓要吸收氧气，排出二氧化碳，只有少数种类的蚯蚓可行嫌氧呼吸在缺氧的环境中生活。我们经常发现在自然界，大雨过后往往有许多蚯蚓爬行在路上或被雨水溺死，这是由于雨水过多而将蚯蚓栖息的洞穴和通道灌满，使栖息场所严重缺氧，二氧化碳则浓度过高，二氧化碳溶于水后成为碳酸，这时蚯蚓忍受不了酸性的刺激而爬出洞外。通常蚯蚓对土壤中二氧化碳浓度的耐受极限在 $0.01\%\sim11.5\%$（不过有的蚯蚓可耐受二氧化碳浓度 50% 以上），如果超过上述极限，则蚯蚓往往会出现迁移、逃避等现象。

蚯蚓对各种气体的反应也十分敏感，有些气体对蚯蚓有害，在养殖蚯蚓时则应特别注意，如一氧化碳、氯气、氨气、硫化氢、二氧化硫、三氧化硫、甲烷、尸氨等气体均对蚯蚓有害，尤其在冬季，为了增加蚯蚓养殖场温度，往往生炉子，以煤为燃料，如果通烟管道不好，泄漏烟气，会引起蚯蚓大量死亡，因为在烟气中均含有上述有害气体。此外，蚯蚓的食料往往需发酵，发酵后也会产生上述有害气体，要严加注意。饲料投喂前要充分发酵，并且还要经常翻捣或放置一段时间后再喂养，使有害气体完全散发。据报道，一旦有害氨气的浓度超过 17 微升/升时，则会引起蚯蚓大量死亡；硫化氢气体浓度超过 20 微升/升时，会引起蚯蚓神经系统疾病而导致死亡；甲烷气体浓度超过 $15\%\sim20\%$ 时，会造成蚯蚓血液外溢而死亡。

（五）声音

蚯蚓没有听觉，但对借助固体传导或直接接触到的机械震动却非常敏感，震动土层可使蚯蚓逃出地面。因此，养殖蚯蚓应远离铁路、公路等震动较强的地方，养殖场应避免震动和噪声。还可利用地震前蚯蚓纷纷逃离洞穴这一现象来预报地震。蚯蚓还会在阴雨、大风、大雾等情况下爬出洞穴。

（六）酸碱度

蚯蚓体表分布的感受器，对外界环境的酸碱度十分敏感。对强碱、强酸环境不能生存，只适合在弱酸、弱碱的环境下生存。不同种类的蚯蚓，对土壤的酸碱度要求有所不同，栖息于沙土中的两种环毛蚓喜欢生活于偏碱性的环境中，而环毛属、双胸属的蚯蚓则喜栖息于偏酸性的土壤中。

实验表明，赤子爱胜蚓在 pH 值为 $6\sim8$ 的土壤中生长发育、繁殖良好，在 pH7.5$\sim$8 范围内产蚓茧最多，而在 pH8$\sim$9 生长较快。若将它们投入到 pH 值在 5 以下的酸性环境中，则会呈现强烈的拒避反应、痉挛性扭曲，从背孔喷出体腔液，继而蚓体伸直，不久即死亡。

因此，在养殖蚯蚓时，应根据不同的品种，注意饲养床基料的 pH 值是否符合所养蚯蚓种类的需要，这关系到养殖能否成功。从野外采集蚯蚓时，应顺带测试其原栖息土壤的 pH 值，在养殖时，可利用弱酸（如醋酸、枸橼酸）、弱碱（如碳酸钙）进行调节，尽量将酸碱度调到其适应的范围内。调节时，切勿使用硫酸、盐酸、硝酸之类的强酸或生石灰之类的强碱。

（七）盐类

土壤和饲料中所含的各种盐类和不同浓度对蚯蚓也有较大的影响，不同种类的蚯蚓对不同浓度的盐类，其耐受性也有所差异。例如将红色爱胜蚓、赤子爱胜蚓、微小双胸蚓、背暗异唇蚓、威廉环毛蚓放入 0.6% 的盐水溶液中，均可生存 1 周以上。若此盐浓度超过 0.8% 时，则会陆续发生死亡，在 1.9%～2.5% 的盐水中，1 小时内完全死亡。然而，许多蚯蚓对结晶的硫酸钠溶液有着较高的耐受性，例如，红色爱胜蚓、背暗异唇蚓等在 3% 的硫酸钠溶液中可生存 1 周时间。若浓度增高，则加快死亡；赤子爱胜蚓在温度为 12.5～25℃，硫酸钠浓度为 8% 时，致死时间为 45.3 小时。因此，在养殖过程中，要防止农药、有害污水的毒害。若利用蚯蚓改良大片土壤，必须充分考虑不同种类的蚯蚓对酸碱度、盐类的反应，才能收到预期的效果。某些化肥对蚯蚓也会产生影响，但浓度在 1% 以下的尿素不仅对蚯蚓无害，反而可增加蚯蚓生长发育所需的氮源。因此，如果在农田大田养殖蚯蚓时，可尽量施农家肥或尿素，这样有利于蚯蚓的生长和繁殖，解决蚯蚓的营养问题。

（八）密度

养殖密度的大小在很大程度上会影响环境的变化，不合理的密度会使蚯蚓整体产量减少，而且提高养殖成本。密度小，虽然个体生存竞争不激烈，每条蚯蚓增殖倍数大，但整体面积蚯蚓增殖倍数小，产量低，耗费人力、物力较多；若放养密度过大，由于食物、氧气等不足，代谢产物积累过多，造成环境污染，生存空间拥挤，导致蚯蚓之间生存竞争加剧，使蚯蚓增重慢，生殖力下降，病虫害蔓延，死亡率增高，幸存者逃逸。因此，人工养殖时应掌握最佳的养殖密度，以提高经济效益。

六、蚯蚓的活动规律

蚯蚓活动随季节的变化而变化。在温带和寒带，冬季低温干旱使蚯蚓进入冬眠状态，到翌年开春，随着温度的回升、雨季的来临，蚯蚓苏醒，开始活动。在牧场，正蚓、红色爱胜蚓、绿色异唇蚓、背暗异唇蚓等，每年4～5月及8～12月间最活跃；在草地，秋季特别是10月最为活跃。在北京，4月底即可看到环毛蚓解除冬眠而活动，6月底至7月初进入雨季，一直到11月初皆为蚯蚓的活动时期。

在热带，蚯蚓活动也局限在一定的季节，如我国云南地区，蚯蚓多活动在雨季的5～10月，当土壤含水量降到7%以下时，蚯蚓也出现休眠。

季节变化也会影响蚯蚓新陈代谢的强度。正蚓科蚯蚓在5～8月间，由于土壤温度和湿度不适宜，处于滞育状态，而在9～12月和2～4月的秋季和春季，由于土壤温度和湿度比较适宜，蚯蚓代谢活动旺盛，其活动达到高峰。

七、繁殖特性

通常蚯蚓进行有性生殖繁殖后代，也可以再生。蚯蚓孤雌生殖、异体受精、自然体受精等生殖方式及其胚前发育等均有很大的差异，但都要形成性细胞，并排出含一枚或多枚卵细胞的蚓茧。这是蚯蚓繁殖所特有的方式。蚯蚓的蚓茧生产场所、颜色、形状、大小、组成、含卵量以及其生产量常因种类不同而有差异。

不同种类的蚯蚓，其蚓茧生产的场所也有不同。一般陆栖蚯蚓的蚓茧产于陆地上。例如红色爱胜蚓、背暗异唇蚓、日本异唇蚓等常产于潮湿土壤表层。若土壤干旱则产于较深处。八毛枝蚓常产于腐殖层中，赤子爱胜蚓常产于农家肥堆处。水栖种类，其蚓茧一般产于水中。

蚓茧的颜色常随着生产蚓茧时间的推移而逐渐改变。通常初生产的蚓茧颜色为淡白色、淡黄色，后逐渐变为黄色、浅绿色或浅棕褐色。最后可变为暗褐色或紫褐色、橄榄绿色等。

蚯蚓蚓茧的形状也因种类不同而有所差异。通常蚓茧的形状多为球形、椭圆形等，有的为纺锤形、袋形、花瓶形等，少数蚯蚓蚓茧呈长管形或细长纤维状。此外，不同种类蚯蚓蚓茧端部的形状和结构也不一样，如有的呈簇状、茎状，有的呈圆锥状或伞形，有的端部较突出。茧壁由交织纤维组成，此种纤维在开始形成时是软的，后来才逐渐变硬，而且十分耐干和耐损伤。

蚯蚓所产蚓茧的大小常常与蚯蚓个体大小成正相关。例如，世界上最大的澳大利亚巨蚓，其体宽为 24 毫米，蚓茧宽 20 毫米，长 75 毫米；陆正蚓产的蚓茧宽 4.5～5 毫米，长 6 毫米，而环毛蚓则比陆正蚓产的蚓茧小，宽约 1.8 毫米，长 2.4 毫米。此外，蚓茧的长度与分泌黏液管和蚓茧膜的环带长短有关。例如，淡黑巨蚓的环带体节有 32 节，所产的蚓茧长达 70 毫米以上。不过也有例外，如正蚓与体形差不多的某些环毛蚓所产的蚓茧相比，前者长 6 毫米，宽 4.5～5 毫米，后者长 1.8～2.4 毫米，宽 1.5～2 毫米。

不同种类的蚯蚓所生产的蚓茧，其内所含的卵量也是不同的，有的含多个卵，有的仅 1 个卵。如赤子爱胜蚓每个蚓茧内含有 1～20 个卵；环毛蚓一般为 1 个卵，少数达 2～3 个卵；红正蚓的蚓茧一般为 1～2 个卵，有时更多。

不同种类的蚯蚓所产的蚓茧量也有所差异。通常性成熟的蚯蚓，在适宜的条件下，在一年之内可以陆续生产蚓茧。不过，生活在自然界的野生蚯蚓，蚓茧的生产有明显的季节性，因为在自然界常受各种生态因素的影响，遇到高温、干旱或食物供应不足等不良环境条件时，则常伴随蚯蚓的滞育、休眠而停止生产蚓茧。有时为了生存和延续后代，可能在较短的时间内生产较多蚓茧。

蚓茧茧壁系交织纤维，由三层构造组成：最外层为纤维结构；中层为交织的单纤维；内层为淡黄色的均质。初生的蚓茧，其壁的最外层为黏液管，一般黏性较大，随着时间推移，蚓茧变硬，黏液管逐渐干燥而溃散。黏液管的内面为蚓茧膜，此膜较坚韧，具有一定的保水、透水和透气能力，有的蚯蚓蚓茧在土壤中保存3年而未腐烂分解，蚓茧膜内形成囊腔，并有似鸡蛋蛋清的营养物质充斥，卵、精子或受精卵悬浮其中。蛋白液的颜色、浓稠程度也常因蚯蚓种类和所处的不同环境有所差异。蚓茧对外界不良环境有一定的抵抗能力，但抵御不良条件的能力是有限的，如温度过高会使蚓茧内的蛋白质变性，温度过低会使蚓茧内的受精卵冻死，蚓茧长期被水淹没，会使蚓茧透水膨胀而导致蚓茧的破裂死亡，如果过于干燥，则会使蚓茧失去水分而导致干瘪。

八、再生与交替性

(一)再生

绝大多数的蚯蚓具有很强的再生能力，当蚯蚓有机体的一部分损伤、脱落或被切截后便可重新生成。蚯蚓的损伤再生能力也因种类不同而有很大差异。一般常见的蚯蚓，其自身修复损伤和再生的能力较强。如一条蚯蚓断成两段，只要伤口靠近，可在1周内完全再接。当蚯蚓遭受损害，失去头侧或尾侧部分体节后，均可再生。失去尾侧体节比失去头侧体节的再生能力更快，有的仅1周就可生成，但再生的体节数不会比原来失去的体节数多，这种再生的机制至今尚不清楚。蚯蚓的无性生殖常见于水栖蚯蚓，在陆栖蚯蚓中仅发现背暗异唇蚓具有无性生殖方式。

一部分低等的水栖蚯蚓其再生能力较之高等陆栖蚯蚓要高。如带丝蚓每个体节可再生一个新的个体；而陆栖正蚓科的种类，前端切去4个体节，可再生出4个体节；又如一种颤蚓，若切断10～12个体节，仅能再生出3个体节。通常，不同种的蚯蚓同时切断超过身体前端或后端一定的体节部位，就不能再生出所失去的部分。例如赤子爱胜蚓，在其前端第25～26节间之后切断，失去的体节获得再生的机会很小，并且在形态上也有所变化，然而蚯蚓的再生情况实际上要复杂得多。试验证实，赤子爱胜蚓的成熟个体有129个体节。在前6个体节范围内，切除其中任何几个体节均可再生头部；若在第25～26体节范围切断，则能在两方面再生头部，即头部由切面前后两端再生形成，但这仅仅可能再生头端，而都不能形成尾端。在第18～34体节区域再生能力最强，既能再生头部，又可再生尾部，但是在切面两端的情况有所不同。一般情况下，切断蚯蚓的不同部位，不仅影响头、尾和体节数的再生，而且对其内部器官的再生也有较大的影响。

有关蚯蚓再生的形态变化报道不少，迄今为止，对于再生的生理等方面的机制和原因尚未弄清楚。有不少学说都是仁者见仁、智者见智。不过许多实验证明，黄色细胞对再生很重要，当切去蚯蚓一部分后，有大量黄色细胞向伤口迁移。此外，有人认为温度也会影响蚯蚓的再生，所有种类的再生在夏季较快。一般适合的温度在18～20℃，比陆栖蚯蚓正常发育的温度还高，幼蚓比衰老的蚯蚓再生快，一般情况下，性器官很少再生。

（二）世代交替

许多水栖蚯蚓，其生活史出现无性世代和有性世代相互交替的现象，即世代交替。这也是水栖蚯蚓长期适应外界环境的结果。例如仙女虫科的蚯蚓，它们在整个夏季，较好的环境条件下，以无性生殖方式繁殖，到了秋季，它们才开始进行有性生殖。这时依靠蚓茧和受精卵卵裂所产生的外胚膜来保护胚胎免受低温、冰冻的损害，到翌年开春温度上升，幼蚓从蚓茧内孵化出来，经过生长发育，到了夏季性成熟便开始新一轮的无性分裂生殖。但是，在自然界中，很多陆栖蚯蚓仅存在有性生殖，一般情况下它们不进行无性生殖，所以陆栖蚯蚓没有世代交替现象，不过各种陆栖蚯蚓有性生殖具有多种方式。

第四章　蚯蚓场的设计建造

场地选择的好与坏，将影响养殖的成功与失败。选择适合蚯蚓的生长环境，蚯蚓就不会受到或受外界影响就少，蚯蚓就能自然生长，长势好，生长也快；再者，场地选择得当，交通方便，运输畅通无阻，购买运输饲料方便，也不会妨碍及时出售蚯蚓，同时也会吸引更多的商家直接来场地订购，销路就会更广更稳定。所以在选择场地时不仅要考虑其占地的规模、场区内外环境、生产与饲养管理水平，还要考虑市场与交通运输。场地的选择不当达不到投入产出的最佳效益。

第一节　蚯蚓场址的选择

一、场址选择的基本原则

蚯蚓养殖场应根据蚯蚓的生活习性要求、生产实际需要及地形、水质、交通运输等选择场址。

(一)蚯蚓的生活习性要求

蚯蚓具有喜温、喜湿、喜暗、喜透气、怕光、怕盐、怕震、昼伏夜出等习性，为了适应蚯蚓的生活习性，首先其养殖场应选择在自然环境安静、冬暖夏凉、背向太阳，通风、排水良好的地域。其次蚯蚓不能生活在盐度高的水域，长期生活在高盐浓度的水域中，会使其体内因缺水而慢慢死亡；还有在空旷的地方建养殖场，必须尽可能地种植树木、瓜果等植物，改善生态环境，有利于蚯蚓生活。

（二）生活环境的要求

嘈杂的环境不但对蚯蚓的生长速度造成影响，而且还对生理机能造成影响，噪声可对动物的神经系统发生危害，出现烦躁不安、神经紧张；还可能使动物出现消化系统紊乱；引起内分泌系统紊乱，免疫力下降，抵抗力降低。因此，工厂、铁路、公路干线等人类活动频繁、声音嘈杂、震动大的地方不宜作养殖场所。

二、场地要求

（一）环境要求

（1）背向太阳、通风、排水良好，以适应蚯蚓喜阴暗、昼伏夜出的习性。

（2）场地应能防水浸、雨淋。

（3）无烟气、煤气、烟尘，空气新鲜，无直射阳光等，避开人员嘈杂、噪声、震动严重的地方。

（4）无农药和其他毒物污染，并能防止鼠、蛇、蚯蚓、蚂蚁等的危害。

（二）水质

用水干净、卫生、无污染，最好使用地下水。

（三）土质

（1）使用柔软、松散并富含腐殖质的土壤，严禁使用黏土。

（2）酸碱度呈中性。

（四）其他方面

（1）养殖棚舍四季温度应保持在 5～35℃ 的范围内。要保持适当湿度，可用喷水法调整温湿度。

（2）要防止蚯蚓逃跑，防御蛆、蚂蚁、老鼠、蛤蟆等天敌侵袭，及时收取成蚓、扩充养殖床，避免死亡。

第二节　蚯蚓养殖常用工具

按照养殖方式的不同，蚯蚓的养殖设备也不同，如盆缸、柳条筐、池、沟槽、肥堆、沼泽地、垃圾消纳场、园林、农田、地面温室、塑料大棚、温度计、湿度表（自记式或直观式）、喷雾器、竹夹、碘钨灯（或卤素灯）、网筛（孔直径为4毫米）、齿耙、洒水壶（用于调节饲养房内湿度）、塑料盆（不同规格，放置饲料用）等用具。

第三节　蚯蚓的养殖方式和建造

在掌握了各种蚯蚓的生活习性和繁殖习性之后便可以人工养殖了。具体的养殖方法和方式应根据不同的目的和规模大小而定。其养殖方式一般可分为两大类，即室外养殖和室内养殖。室内养殖，按照养殖容器的不同，有盆养法及箱、筐养殖法；室外养殖，常见的有池养法、池沟养殖法、肥堆养殖法、沼泽养殖法、垃圾消纳场养殖法、园林和农田养殖法、地面温室循环养殖法、半地下室养殖法、棚式养殖法、通气加温加湿养殖法等。虽养殖容器和场地各异，但其基本原理是相同的，就是要科学养殖。

一、盆养法

可利用花盆、盆缸、废弃不用的陶器等容器饲养。由于盆、缸等容器体积较小，容积有限，一般适于养殖一些体形较小、不易逃逸的蚯蚓种类，如赤子爱胜蚓、微小双胸蚓、背暗异唇蚓等。而体形较大的、易逃逸的环毛蚓属的蚯蚓往往不适宜用这种方法养殖。盆养法也只限于小规模养殖。但是有其优点，即养殖简便、易照看、搬动方便，使温度和湿度容易控制，便于观察和统计，很适于养殖的科学实验。

盆内所装材料的多少取决于盆容积的大小和所养蚯蚓的数量。一般常用的花盆等容器，可饲养赤子爱胜蚓10～70条，但盆内所投放的饲料不要超过盆深的3/4。由于花盆体积较小，盆内温度和湿度容易受到外界环境变化的影响而产生较大的变化。盆内的表面土壤或饲料容易干燥，温度也易于变化。所以采用花盆养殖时，在保证通气的前提下，要尽量保持盆内土壤或饲料的适宜温度和湿度，如可加盖苇帘、稻草、塑料薄膜等，经常喷水，以保持其足够的湿度。还应注意的是，在选择盆、缸、罐等容器时，一定不要用已盛过农药、化肥或其他化学物品的容器，以免引起蚯蚓死亡。

二、箱、筐养殖法

可利用废弃的包装箱、柳条筐、竹筐等养殖，但不能用装过农药、化学物质的箱、筐等容器饲养，也不能用含有芳香性树脂和鞣酸的木料、含有铅的油漆等材料来加工制造养殖箱具，因这些材料对蚯蚓都有害。箱、筐的大小和形状，以易于搬动和便于管理为宜。一般箱、筐的面积以不超过 1 米² 为好。

养殖箱的规格常见的有以下几种：50 厘米×35 厘米×15 厘米；60 厘米×30 厘米×20 厘米；60 厘米×40 厘米×20 厘米；60 厘米×50 理米×20 厘米；60 厘米×30 厘米×25 厘米；45 厘米×25 厘米×30 厘米；40 厘米×35 厘×30 厘米等。在养殖箱底和侧面均应有排水、通气孔。为便于搬运，可在箱两侧安装拉手把柄。箱底和箱侧面的排水、通气孔孔径为 0.6～1.5 厘米；箱孔所占的面积一般以占箱壁面积的 20%～35% 为好。箱孔除可通气排水外，还可控制箱内温度，不至于因箱内饲料发酵而升得过高。另外，部分蚓粪也会从箱孔慢慢漏落，便于蚓粪与蚯蚓的分离。箱内的饲料厚度要适当，可以根据不同季节和温度、湿度来调整，在冬季饲料要适当增厚，不过饲料装得过多，易导致通气不良，饲料装得过少，又易失去水分、干燥，从而影响蚯蚓的生长和繁殖。为减少箱内饲料水分的蒸发，保持其一定的湿度，除可喷洒水外，还可在饲料表面覆盖塑料薄膜、废纸板或稻草、破麻袋等物。当然养殖箱也可用塑料箱代替，价廉而经久耐用，不易腐烂。

若要增加养殖规模，可将相同规格的饲养箱重叠起来，形成立体式养殖，这样可以减少场地面积，增加养殖数量和产量。如欲进行大规模集约化养殖，可以采用室内多层式饲育床养殖，以充分利用有限的空间和场地，增加饲育量和产量，而且又便于管理、长年养殖。多层式饲育床可用钢筋、角铁焊接或用竹、木搭架，也可用砖、水泥板等材料建筑垒砌，养殖箱则放在饲育床上，一般放4～5层为宜，过高则不便于操作管理，过低又不经济。在两排床架之间应留出通道（约1.5米）便于养殖人员通行、操作管理。在放置饲育床的室内应设置进气门，在屋顶应设置排气风洞，以利于气体交换，保持室内空气新鲜，有利于蚯蚓的生长繁殖。

箱养殖蚯蚓的密度，一般控制在单层每平方米4000～6000条，过密则影响蚯蚓取食、活动以及生长繁殖，过稀则经济效益不佳。为减少饲料层水分的蒸发，其上可覆盖塑料薄膜、麻袋、草席、苇帘等。在冬季气温降至−1℃时，应注意及时加温、保暖，使室内温度保持在18℃以上，为防止蚯蚓冻死，养殖室内的温度要保持稳定，并且养殖室内每天应打开通气孔2～3次，使其保持空气流通和新鲜。夏季炎热，气温升高时，可经常用喷雾器喷洒冷水，以保湿降温，并且进气门孔应全部打开通风。

当蚯蚓逐渐长大后，应减少箱内蚯蚓的密度。用长60厘米、宽40厘米、高20厘米养殖箱养殖，每个箱内投放赤子爱胜蚓（大平2号或北星2号）2000条左右。在温度20℃，湿度75%～80%和饲料条件充足时，经过5个月的养殖，即可增至18000条左右。在箱式或筐式立体养殖时，应注意箱间上下、左右的距离，以利于空气流通。

这种立体式饲育床式养殖方法具有许多优点：充分利用空间，占地面积小，便于管理，节约劳动力，较为经济，其生产效率较高。据有关实验测定，采用这种方法养殖，其4个月增殖率为平地养殖的100倍以上，并且从产蚓茧到成蚓所需时间大大缩短，饲料基本粪化时间也大大缩短，饲育床内的水分可经常保持在75%～80%，相对较稳定。饲育床温度上升能够保持在30℃以下。并且饲料的堆积状态在2个月后，堆积深度仅为8厘米，较均匀，管理和添加饲料以及处理粪土也十分方便。总之，采用立体箱式养殖方法具有较高的经济效益和诸多优点，也是目前常采用的方法之一。

三、半地下温室、人防工事或地下防空洞、山洞、窑洞养殖法

这种养殖方式可充分利用闲置的人防工程，不占用土地和其他设施，加之防空洞、山洞和窑洞内阴暗潮湿，温度和湿度变化较小，而且还易于保温。但在这些设施内养殖蚯蚓必须配备照明设备。当然坑、地窖、温室和培养菌菇房、养殖蜗牛房等设施同样可以饲养蚯蚓，而且蚯蚓还可以与蜗牛一同饲养。在土表上养殖蜗牛，蜗牛的粪便和食物残渣还可以作为蚯蚓的上好饲料。

半地下温室的建造，应选择背风、干燥的坡地，向地下挖1.5～1.6米深、10～20米长、4.5米宽的沟，中央预留30～45厘米宽的土埂不挖，留作人行通道，便于管理。温室的一侧高出地面1米，另一侧高出地面30厘米，形成一个斜面，其山墙可用砖砌或用泥土夯实，以便保暖，暴露的斜面，用双层薄膜加盖，白天可采光吸热，晚上可用苇帘覆盖保温。冬季寒冷天气，可在半地下室加炉生火，补充热量以升温，炉子加通烟管道，排除有害气体。室温一般可达10℃以上，饲养的床温在12～18℃以上，在晴朗的天气，室内温度可达22℃以上。饲养床底可先铺一层约10厘米厚的饲料，然后可再铺一层同厚的土壤，这样可一层一层交替铺垫，直至与地表相平为止。在床中央区域内可堆积马粪、锯末等发酵物。在温室两侧山墙处可开设通气孔。这种养殖方法可得到较好的效果。

四、地面温室循环养殖法

可以利用现有的冬季暖棚、温室，如甘薯育秧、水花生、水浮莲、水葫芦等冬季保苗的越冬暖棚养殖蚯蚓。建造越冬养殖床，使作物与蚯蚓在温室中共同生长，这样不仅可使动植物有效越冬，而且使物质和能源充分得到经济有效的循环利用。

一般选择避风、向阳的高坡、平坑或挖坑建床。床长10米，宽2米，深0.7米；床的前墙高出地面0.3米，后墙高出地面1.5

米，床深 0.5 米。在两侧 A 区为养殖床，宽各为 0.8 米，在床底先铺一层约 10 厘米厚的饲料，然后再铺一层同样厚的菜园土，这样一层层地交替铺垫，直至与地表平齐。在中央的 B 区堆放生马粪等发酵物。在 A 区可种植甘薯、蚕豆等越冬作物，并放养蚯蚓。温室两侧留有通气孔，向阳面采用双层塑料薄膜覆盖，每隔 7～8 厘米处扣紧防风网，在严寒冬季，尤其在晚上要加盖草帘等物。在温床四周外侧 1 米处开挖排水沟，以防积水。温室东侧留一小门，便于管理人员出入。采用这种养殖方法可以收到较好的效果；因为在温床里动植物和微生物组成生态小循环系统，较有效地进行物质与能量的循环利用，更有效地互利共生。

五、通气加温加湿养殖法

因为蚯蚓大多栖息在 10～20 厘米深的土壤或饲料层中，蚯蚓的饲料大多为食品残渣、农副产品和畜产品的废弃物或经腐熟发酵后的这类物质等。蚯蚓会在此深度中纵横穿孔摄取食物。但这类有机物质会被土壤中的厌气微生物分解为二氧化碳和氮，这些均消耗土壤中的氧气，有还原土壤的趋向，而蚯蚓必须依靠氧气进行呼吸，故蚯蚓在还原性土壤中是无法生存和栖息的。在自然状态中，蚯蚓是依靠来自大气中扩散到地中的空气进行呼吸。为了进一步提高蚯蚓的养殖密度，克服供氧不足、温度和湿度不稳定等矛盾和缺点，在有限的面积内高密度养殖，就需要大量投喂饲料，为了防止土壤中氧气不足，可以在养殖室地下埋设有许多细孔的管子，这样可以缓慢地向土壤或饲料输送空气，防止土壤还原。因蚯蚓一般是利用溶解于体表的水中的氧进行呼吸，所以蚯蚓的体表必须经常处于湿润状态。采用通气加温加湿的养殖方法可以获得较高的产量和可观的经济效益。这种通气加温加湿的方法可以通过仪器或计算机自动调节和控制，是较为先进的养殖方法。

六、棚式养殖法

其结构与冬季栽种蔬菜、花卉的塑料大棚相似，棚内设置立体式养殖箱或养育床。适用于冬季室外养殖。棚高 2.4 米，长 15～20 米。塑料棚拱形，棚内地面还可种植蔬菜。塑料大棚养殖蚯蚓既可安全过冬，又可大量增殖。

可采用长 30 米、宽 7.6 米、高 2.3 米的塑料大棚。棚中间留出 1.45 米宽的作业通道，通道两侧为养殖床。养殖床宽 2.1 米，床面为 5 厘米高的拱形，养殖床四周用单砖砌成围墙，高 40 厘米，床面两侧设有排水沟，每 2 米设有金属网沥水孔。棚架用 4 厘米钢管焊接而成。整个养殖棚有效面积为 100 米²。最大养殖量为 200 万～300 万条赤子爱胜成蚓。

塑料棚养殖受自然界气候变化影响较大，因此必须做好环境控制工作，主要是在夏冬季节。当夏季气候炎热时，尤其在盛夏高温时，必须采取降温措施。温度太高对蚯蚓生长繁殖不利，可以采取遮光降温措施，如将透明白色塑料薄膜改用蓝色塑料薄膜，在棚外加盖苇席、草帘等，还可在棚顶内加一隔热层，或采用放风降温等方法。当棚内温度超过 30℃时，可打开通气孔或将塑料薄膜沿边撩起 1 米高，以保持棚内良好通风，降低温度。也可喷洒冷水降温，使棚内空气湿润，地面潮湿。还可采取缩小养殖堆的方法，使养殖堆高度不超过 30 厘米，以利通风，并且在养殖堆上覆盖潮湿的草帘。采取以上措施可使棚内温度降低，一般棚温不超过 35℃，而床温又低于棚温，床温最高不超过 30℃，在一般情况下，可保持在 17～28℃范围内。在冬季采取防风、升温、保温等措施，在入冬前，可将夏季遮阳物全部拆下，把塑料膜改为透明膜，以增加棚内光照和加温，还可在棚外设防风屏障，加盖苇帘或草帘，使整个棚衔接处不漏风。另外，在棚内增设内棚，以小拱棚将养殖堆罩严保温，增设炉灶，建烟筒或烟道加温，还可改变养殖堆，将养殖层加厚至 40～45 厘米，变为平槽堆放。采取这些措施可以大大提高棚内和养殖堆的温度。如当棚外温度降至 -16～-14℃时，则棚内温度可保持 -7～-4℃；而加设保温措施的棚内温度可达 9℃以上，床内温度可达 8℃以上，整个冬季蚯蚓仍能继续采食、生长。

总之，采用塑料棚养殖蚯蚓，虽受自然界气候变化的影响较大，但是只要做好环境控制工作，除冬季1~2个月和盛夏以外，全年床温均能保持在适宜蚯蚓生长、繁殖的温度范围。

养殖棚的另一种规格为高2米、宽6米、长30米，棚中间留过道，以便饲养管理。棚两侧用砖砌或泥土夯实做棚壁，以防止外部的噪声和震动，棚四周挖排水沟，以便雨季防止积水。在棚壁两侧设置通气孔。在养殖棚内可设置能拉进拉出的箱状设备。养殖槽内的温度和湿度，由换气孔和散水装置控制在所规定的范围内。可把酒糟、纸浆粕和含有大量动植物蛋白的鱼渣、谷类、谷皮等和腐殖质混合，或马粪、牛粪、麦秸等铺设在养殖槽内的箱中。在这种条件下养殖，大约每3.3米^{3}的养殖槽内，可繁殖蚯蚓10万条以上。约20个月后，由数万条蚯蚓繁殖到数百万条以上。

七、农田养殖法

可以将室内养殖和室外养殖结合起来，其效果更佳。在春夏秋季可把蚯蚓养殖移至室外，到秋末初冬季节移至室内。幼蚓的养殖放在室内，成蚓养殖放在室外，这样可以利用大田、园林、牧场等辽阔的土地来养殖蚯蚓，不仅大大降低养殖成本，取得较高的经济效益，而且还可以利用蚯蚓来改良土坡，促进农林牧各方面综合增产。因此，这是蚯蚓养殖和利用的一条重要途径。但是，为了保证农作物更好地生长发育、增产，往往又要给作物施肥、喷药，而有些化肥、农药又可能对蚯蚓造成极大的危害。故在农田养殖蚯蚓时就应考虑这个矛盾并采取必要的措施。一般可在园林或农田内开挖宽35~40厘米、深15~20厘米的行间沟，然后填入畜禽粪、生活垃圾等，上面再覆盖土壤。在沟内应经常保持潮湿，但又不能积水。这种方式养殖蚯蚓，在种植各种农作物的农田、园林、桑林、饲料堆等均可采用，但不适于在种植柑橘、松、橡、杉、桉等的园林中开挖沟放养。一则这些树种的落叶含有许多芳香油脂、鞣酸、树脂或树脂液等物质，对蚯蚓有害，会引起蚯蚓逃逸，二则这些树种的叶子不易腐烂。农田养殖法养殖蚯蚓能改良土壤，促进农林业增产，成本较为低廉。不过这种养殖方法有其缺点，那就受自然条件影响较大，单位面积产量较低。

八、池沟饲养法

一般选择背阴或遮阴的地方挖池沟或用砖等建筑材料砌池沟。通常池沟长1米，宽50厘米，深30厘米，然后分层或混合投入饲料和土壤，并喷洒适量的水。一般可建多个这样的池沟。一些池沟倒入生活垃圾，应拣出石块、瓦砾、骨刺、金属、玻璃碎片、塑料等不易分解的物质；另一些池沟内是经发酵腐烂的这类饲料，以投放蚯蚓养殖，两批池沟轮换使用，可以收到较好的效果。

九、堆肥养殖法

这是一种较经济有效的室外养殖方法。具体做法是：取农家肥50%，土壤50%，两者混合，或以肥料和土壤各10厘米厚，交替分层铺放成堆。每堆宽1~2米，高50厘米，长度不限。一般堆放1天以后，其肥堆内便可诱集上百条蚯蚓。当然也可向肥堆投放蚯蚓种人工养殖。采用此法蚯蚓增重快，体重可增加60%~100%，很快性成熟。此法在田头、场边、房前屋后等空闲地，均可利用。

十、沟槽养殖法

选择背风遮阴处，开挖沟槽来进行养殖。在开挖沟槽时应设置排水管。养殖沟槽一般是宽1米，深60~80厘米，长度可因地制宜斟酌确定。在沟底常先铺一层5厘米厚的禽畜粪便，然后再铺上一层杂草、树叶或麦秸、豆秸秆等，其上再覆盖一层5厘米厚的土壤。这样依次铺垫，直至填满沟槽为止，其表土上再覆盖稻草、麦秸或芦苇、麻袋等。为保持沟槽内土壤的湿润，可根据天气情况适时喷水或喷灌。采用这种方法养殖蚯蚓增产快。在饲料充足的条件下，一般每平方米投放上千条蚯蚓。放养2个月后即可采收蚯蚓和蚓粪，以后可每隔1个月采收一次。

十一、池养

采用砖建造水泥养殖池，长以场地的长度以及方便操作为宜，宽 150 厘米左右，深 80 厘米，为防止蚯蚓逃走，池底铺水泥或是夯实池底泥土。池底稍倾斜，以便排水。建好池子后，注入水浸泡，按每 1000 千克水溶入 1 千克过磷酸钙，浸 1～2 天，然后将水排尽，目的是将水泥中的强碱等有害物质排除。并在池底放一层 5 厘米厚的草或树叶，再放入饲料及蚯蚓。注意池上搭一个简易棚子，以防雨淋日晒。

(1) 饲料的添加　第一次饲料厚度，一般料每床 10～15 厘米，米糠料 8～12 厘米。米糠料养蚯蚓效果很好。其制作方法是：清水 50 千克，米糠 20 千克，尿素 0.1 千克。先将尿素溶解在水中，再加入米糠拌匀，经 7 天左右（夏季稍短，冬季稍长）发酵即成。放入饲料耙平后，再放入种蚓 1000～2000 条。加料时，要等料面粪化，刮掉蚓粪后再进行。每次加料厚度，一般料 5 厘米，米糠料 3 厘米。全年养殖蚯蚓时，加饲料时要掌握薄料多施，夏薄冬厚，春秋适量。

(2) 保湿　在饲料面上，盖一张 1 米^2 大、两边有固定的竹条、能卷展的饲料薄膜，起保湿作用。如果需要洒水，宜用喷雾器，力求均匀潮湿。

(3) 收粪　为方便收粪，可在料面上以及塑料薄膜下平放几根 1 米长的小竹子或篾条，到刮蚓粪时，刮片（任何硬片均可）只需与小竹子成"卅"形，把蚓粪一次刮至床沿，装入盛器，供家禽家畜添加。其他管理与常规饲养相同。

无论采用何种养殖方法，均应对蚯蚓的天敌和病害严加防范。

第五章 蚯蚓的食物和营养

第一节 蚯蚓的营养需要

和其他动物一样，在蚯蚓生命的全过程中，需要蛋白质、脂肪、碳水化合物、矿物质和维生素五大类营养物质。这些营养物质为蚯蚓提供热能，以维持其生命活动，或转化为体组织，或参与各种生理代谢活动。任何一类营养物质的缺乏，都会造成生命活动的紊乱，甚至引起死亡。蚯蚓对各类营养物质的需求量是不同的，不同的生长发育阶段和不同的环境条件下对营养物质的需求也是不一样的。

一、蛋白质

氨基酸是蛋白质的基本单位，分为必需氨基酸和非必需氨基酸。必需氨基酸指动物自身不能合成或合成量不能满足动物需要，必须由饲料提供的氨基酸。各种动物所需的必需氨基酸种类大体相同，但因为各自遗传特性的不同，也存在一定的差异。必需氨基酸主要包括赖氨酸、蛋氨酸、色氨酸、苏氨酸、亮氨酸、异亮氨酸、苯丙氨酸等，它们是构建机体组织细胞、组织更新及修复的主要原料，是机体内功能物质的主要成分；当蛋白质摄入已经满足机体需要量时，蛋白质也可转化为脂肪与糖，满足动物机体的能量需求。

二、脂肪

脂肪也分为必需脂肪酸和非必需脂肪酸。凡是机体不能合成，必须由饲料提供，对机体正常机能和健康具有重要保护作用的脂肪酸称为必需脂肪酸。通常有三种，它们是亚油酸、α-亚麻油酸、花生四烯酸。若缺乏必需脂肪酸时，动物就会表现为皮肤损害，出现角质鳞片，体内水分经皮肤损失增加，毛细管变得脆弱，免疫力下降，生长受阻，繁殖力下降，甚至死亡。幼龄及生长迅速的动物反应更敏感。

三、碳水化合物

碳水化合物也称之为糖类，包括单糖、双糖、低聚糖、多聚糖（非纤维素多糖、纤维素等）。常见的单糖有葡萄糖、果糖、半乳糖等；双糖有乳糖、蔗糖、麦芽糖，这些都是一些易消化吸收的低糖类，而常见的易消化的多聚糖主要是淀粉。糖类是动物能量的主要来源。

四、矿物质

即体内存在的矿物元素，有一些是动物生理过程和体内代谢必不可少的，这一部分就是营养学中所说的必需矿物元素。必需矿物元素又可分为常量元素与微量元素两大类。常量元素主要包括钙、磷、钠、钾、氯、镁、硫 7 种，目前查明的必需微量元素有铁、锌、锰、铜、硒、碘、钴、钼、氟、铬等 12 种。矿物元素在体内具有重要的营养生理功能，有的参与体组织的组成，以盐形式存在的钙、磷、镁是骨和牙齿的主要组成部分，有的元素以离子的形式维持体内电解质平衡与酸碱平衡，如钠、钾、氯等。

五、维生素

维生素是一类动物代谢所必需而需求量极少的低分子有机化合物，体内一般不能合成，必须由饲粮提供，或者提供先体物。它们不是形成机体各种组织器官的原料，也不是能量物质，但它们是维持蚯蚓体正常生理机能所必需的一类具有高度生物活性的有机化合物，尽管数量极少，但作用很大，所以称之为维持生命的要素。维生素包括 B 族维生素、维生素 C 等水溶性维生素和维生素 A、维生素 D、维生素 E、维生素 K 等脂溶性维生素。维生素是辅酶或辅基的成分，参与蚯蚓体内的生化反应，缺乏则会使某些酶的活性失调，导致新陈代谢紊乱而导致疾病。

第二节　蚯蚓的食物

一、食性

蚯蚓为腐食性动物，在自然界，蚯蚓能利用各种各样的有机物作为食物，即使在不利条件下，也可以从土壤中吸取足够的营养。食物的种类和总量不仅影响蚯蚓种群的大小，也影响蚯蚓的生存、生长速度和产卵力。蚯蚓的食物主要是无毒、酸碱度适宜、盐度不高并且经微生物分解发酵后的有机物，如禽、畜粪便等，食品酿造、木材加工、造纸等轻工业的有机废弃物，各种枯枝落叶，厨房的废弃物以及活性泥土等均是蚯蚓的上好食物。但对苦味、生物碱和含芳香族化合物成分的食物，则很难食用或者根本不食取。不同种类的蚯蚓对各种食物的适口性和选食性有所差异。在自然条件下，蚯蚓特别喜食富含钙质的枯枝落叶等有机物。如赤子爱胜蚓喜食经发酵后的畜粪、堆肥，含蛋白质、糖原丰富的饲料，尤喜食腐烂的瓜果、香蕉皮等酸甜食料，蚯蚓对甜、腥味的食物特别敏感，所以养殖时可适当加进烂水果或鱼内脏等，更能增进蚯蚓的食欲和食量。

二、食量

不同种类的蚯蚓，其食量也有很大的差异。例如背暗异唇蚓成蚓平均每条每年摄食（干重）20～24 克；长异唇蚓成蚓为 35～40克；红正蚓成蚓为 16～20 克。据报道 100 毫克体重的蚯蚓，每天要吃 80 毫克的食物。通常性成熟的正蚓，每天的摄食量为自身体重的 10%～20%。性成熟的赤子爱胜蚓，每天的摄食量为自身体重的 29%；1 亿条性成熟的赤子爱胜蚓，每日的进食量 40 吨左右，而排出的粪便为 10～20 吨。当然，蚯蚓的进食量与其生长发育阶段、饲料的种类以及所处的环境条件有着密切的关系。养殖蚯蚓时，必须合理配制饲料和科学投喂，才能达到最佳的效果和较高的经济效益。

三、饲料种类

养殖蚯蚓的饲料种类很多，主要有以下几类。

（1）畜禽粪便　如马粪、牛粪、猪粪、鸡粪等。

（2）植物　如稻草、玉米秸、麦秸、树叶、木屑等。

（3）家庭垃圾　如烂瓜果、烂蔬菜、剩余饭菜、各种畜禽鱼内脏等。

（4）农副产品废弃物　如酒糟、果渣、糖渣、食用菌栽培料渣、废纸浆液等。

注意事项：养殖蚯蚓的原料一般要进行堆沤发酵处理，以便蚯蚓取食。

四、发酵料的配方

（一）发酵原料

粪料主要是牛粪、马粪、猪粪、羊粪、鸡粪、人粪、污染及腐烂的水果、蔬菜等，草料主要是植物秸秆、茎叶、杂草、垃圾等，其中以牛粪和稻草效果最佳，猪粪次之，鸡粪一般不要超过 20%。

（二）配方

（1）粪料 60%，作物秸秆或青草 40%。

（2）粪料 70%，作物秸秆或青草 20%，麦麸 10%。

（3）牛粪 60%，稻草或青草 40%。

（4）猪粪 70%，稻草或麦草 30%。

（5）牛粪、马粪 50%，玉米秸 49%，尿素 1%。

（6）粪料 40%，作物秸秆或青草 57%，石膏粉 2%，过磷酸钙 1%。

（7）人粪尿 70%，作物秸秆或青草 30%。

（8）牛粪或猪粪 70%，渣肥或青草 20%，鸡粪 10%。

（9）牛粪、猪粪、鸡粪各 20%，稻草 40%。

（10）牛粪或猪粪 60%，锯木屑 30%，稻草 10%。

（11）食用菌生产废料 50%，家禽类粪料 20%，废纸浆 30%。

（12）猪粪 35%，木屑 30%，稻谷壳 35%。

（13）牛粪 60%，玉米秸秆或花生藤、麦秆、油菜秆、甘蔗渣混合物 40%。

（14）造纸污泥 40%，木屑 20%，草木灰 10%，畜类粪料 30%。

五、饲料的配制要求

（一）幼蚯蚓及种蚯蚓饲料的配制要求

由于幼蚯蚓的消化系统比较脆弱，其砂囊筋肉质厚壁还未完全形成，不具有磨碎食物的能力。而种蚯蚓则担负着繁殖工作，采食量大，因此其饲料与幼蚯蚓基本相同，对饲料的要求更细腻，经过严格发酵后软绵，无硬颗粒，可塑性较强，而不粘连，不腐不臭，无其他异味。

（二）中蚯蚓及成蚯蚓饲料的配制要求

中蚯蚓及成蚯蚓的消化系统及砂囊筋肉质厚壁均已发育成熟，配制的饲料相对幼、种蚯蚓饲料可粗放些，只要食物不剩，余而不腐即可，总的要求掌握在不腐不臭，无较大颗粒即可。

六、蚯蚓不同龄段的饲料配方

（一）幼、种蚯蚓阶段

（1）发酵牛粪 30%，豆饼或是玉米粉 20%，麸皮 20%，贝壳粉 10%，豆腐渣 10%，面粉 9%，复合维生素 0.4%，复合氨基酸 0.2%，复合矿物质 0.4%。

（2）豆渣 15%，次面粉 10%，肉骨粉 10%，发酵家畜粪 30%，残羹沉渣 15%，糖渣 10%，玉米粉 9%，复合维生素 0.3%，复合矿物质 0.5%，复合氨基酸 0.2%。

（二）中蚯蚓（1～2 月龄）阶段

（1）发酵牛粪 30%，动物下脚料 20%，米糠 10%，贝壳粉 5%，豆腐渣 20%，酒糟 10%，玉米粉 4%，复合维生素 0.3%，复合氨基酸 0.2%。

（2）潲水沉渣 60%，次面粉 10%，骨粉 5%，豆腐渣 10%，鸡粪 10%，蔗糖 2%，复合矿物质 1%，复合维生素 1%，复合氨基酸 1%。

（3）米糠 20%，玉米粉 5%，潲水沉渣 20%，酒糟 30%，发酵鸡粪 24%，复合氨基酸 0.3%，复合矿物质 0.5%，复合维生素 0.2%。

（三）成蚯蚓阶段

（1）牛粪 60%，农作物秸秆 20%，动物下脚料 15%，骨粉 4%，复合氨基酸 0.5%，复合维生素 0.5%。

（2）发酵鸡或鸭粪 50%，稻草 15%，草木灰 15%，潲水沉渣 10%，豆腐渣 5%，青菜叶 4%，尿素 1%。

（3）猪粪 50%，玉米秸秆 30%，动物下脚料 15%，青菜瓜果皮 5%。

（4）发酵牛粪 60%，酒糟 10%，稻草 20%，糖渣 5%，麸皮 4%，尿素 1%。

第三节　蚯蚓的饲料加工

一、制备饲养基

为了达到丰产和增产的目的，饲养基的制备是关键工作。因为食物对蚯蚓的影响不仅表现在数量上，而且也表现在质量上。无数事实已证明，食物类别对蚯蚓丰产和增产有着直接的影响。例如用牛粪、羊粪来饲养蚯蚓，比用粗饲料和燕麦秸来喂养所产的蚓茧数量高出几倍到十几倍，说明腐烂或经发酵后的来自动物的、含氮丰富的有机物食料（畜禽粪便），比植物性、含氮少的有机物食料（如麦秸等）能促使蚯蚓更快地生长和繁殖，其效果是最佳的。

在选择、制备饲料时还必须注意饲料所含营养的比例，以达到营养成分的相互平衡，包括蛋白质、维生素以及无机盐等营养成分较全面的营养素，使蚯蚓能快速生长和繁殖。一般取粪料（人或猪、羊、兔、牛、马、鸡的粪便，当然也可用食品厂下脚料）60%，各种蔬菜废弃物、瓜果皮和各种污泥（塘泥、下水道污泥等）、草料（杂草及麦、稻、高粱、玉米的秸秆）、木屑、垃圾和各种树叶40%，经过堆沤发酵而配制的蚯蚓饲料，均可取得满意的效果。蚯蚓对饲料的处理和发酵要求不严格，凡无毒的植物性有机物质，如稻草、麦秸、高粱秆、玉米秆、杂草、树叶、家畜粪便、有机垃圾等经过发酵腐熟处理，都可作为蚯蚓的饲料。但是应该注意的是，作物秸秆和粗大的有机废物应该先切碎；垃圾则应分选过筛，以除去金属、玻璃、塑料、砖石或炉渣，再经粉碎。家畜粪便及木屑直接可以进行发酵处理。通过对饲料的发酵促进有机质分解腐熟。饲料发酵的难易及时间长短，与有机物的种类、水分含量和堆积方法有关。一般碳氮比例适宜和含氮较高的有机物比较容易发酵，发酵的时间较短；多种物质混合容易发酵，单一物质发酵较难；水分适当，堆积疏松时容易发酵，过干以及堆积过实发酵较难。通常马粪等动物粪便比较容易发酵，稻草、麦秸以及木屑发酵较难，这些难以发酵的物质可以和粪便、果皮等容易发酵的物质混合发酵。

虽然蚯蚓对饲料的要求比较低，但集约化、大规模养殖必须制备饲料。蚯蚓饲料制备过程中最主要的一个环节是饲料有机物必须充分发酵腐熟，使之具有细、软、烂，营养丰富，易于消化，适口性好等特点。如果投放未经发酵腐熟的饲料来养殖蚯蚓，蚯蚓不但拒食，而且未经发酵的饲料会因时间的推移而发酵，由此而产生高温（60~80℃）并释放大量的有害气体如氨气、甲烷等，会引起蚯蚓大量死亡。禽畜粪便，如鸡粪、兔粪等，由于含有大量的蛋白质和氮，其情况尤为严重，更应充分发酵腐熟后再投放使用。

二、基料的保存

（一）畜类粪料的保存

收集畜类粪便后，宜采用湿粪贮藏方式，即把湿粪堆成一个大堆，拍压紧实，覆盖塑料薄膜防雨，四周开挖排水沟。或是选择地势高干燥处挖坑堆放保存，若场地小而粪料量多，可随收随晒，以干粪保存，尽量暴晒干透，防止被雨水淋湿。

（二）禽类粪料的保存

禽类粪料易腐臭，而且生蛆，应及时晒干或是加入适量的干锯木末进行加工或干燥处理。

三、发酵的流程

（一）原料的发酵处理方法

（1）捣碎牛粪、猪粪等畜禽粪便。

（2）粉碎杂草、树叶、稻草、麦秸、玉米秸秆等植物类原料，铡切成 1 厘米左右。

（3）将蔬菜、瓜果切剁成小块。

（4）剔除碎石、瓦砾、金属、玻璃、塑料等有害物质。

（二）发酵条件

（1）温度　温度对发酵原料堆的分解发酵有重要影响。微生物适宜生活温度为 $15\sim37℃$，其中好气性微生物生活的最适温度为 $22\sim28℃$，嫌气性微生物生活的最适温度为 $37℃$ 左右，耐热微生物生活的最适温度为 $50\sim65℃$。

（2）原料含水量　含水量控制在 $40\%\sim50\%$，即堆积后堆底边有水流出。

（3）pH 值　微生物对酸碱度反应十分敏感，因此过酸或过碱对发酵均不利。pH 值一般在 $6.5\sim8.0$。过酸可添加适量石灰，碱度过大可用水淋洗。

（三）堆制发酵

（1）预湿　将草料浸泡吸足水分，预堆 $10\sim20$ 小时，干畜禽粪同时淋水调湿、预堆。

（2）建堆　先在地面上按 2 米宽铺一层 20～30 厘米厚的湿草料，接着铺一层厚 3～6 厘米的湿畜禽粪，然后再铺厚 6～9 厘米的草料、3～6 厘米的湿畜禽粪。这样一层粪料、一层草料，草料、粪料交替铺放，直到铺完为止。堆料时，边堆料边分层浇水，下层少浇、上层多浇，直到堆底渗出水为止。料堆应松散，不要压实，料堆高度宜在 1 米左右。料堆成梯形、龟背形或圆锥形，最后堆外面用塘泥封好或用塑料薄膜覆盖，以保温保湿。

（3）翻堆　堆制后第二天堆温开始上升，4～5 天后堆内温度可达 60～75℃。待温度开始下降时，要翻堆进行第二次发酵。翻堆时要求把底部的料翻到上部，边缘的料翻到中间，中间的料翻到边缘，同时充分拌松、拌和，适量淋水，使其干湿均匀。第一次翻堆 1 周后，再做第二次翻堆，以后隔 4～6 天各翻堆一次，共翻堆3～4 次。

（四）注意事项

在堆料发酵过程中，由于环境条件限制或操作不当等，可能出现不列不正常情况，应及时采取有效措施予以纠正。

（1）冬季要注意选择温暖、避风寒的地方堆料，夏季要注意避免阳光直晒料堆。

（2）冬季堆沤时，因气温降低，应将饲料堆踏实，以减少空气流通，调节发酵速度。

（3）料堆发酵过程中出现料面塌陷时，要及时用周围的原料填平凹处，以防雨水渗入。

（4）高温的夏季，料堆干燥，耐高温的放线菌繁殖过于旺盛，会造成粪草水分迅速蒸发，造成微生物繁殖率低，料堆升温缓慢。注意加大料堆宽度，将草料拍压紧实，洒足水分，便可使发酵转为正常。

四、发酵饲料的处理

（一）鉴定

饲养料发酵 30 天左右，发酵腐熟，鉴别标准如下。

（1）无臭味、无酸味。

（2）色泽为茶褐色。

（3）手抓有弹性，用力一拉即断。

（4）有一种特殊的香味。

（二）投喂前的处理

（1）将发酵好的饲料摊开混合均匀，然后堆积压实，用清水从料堆顶部喷淋冲洗，直到堆底有水流出，清除有害气体和无机盐类、农药等有害物质。

（2）检查饲料的酸碱度是否合适　一般 pH 值在 6.5～8.0 都可使用。过酸可添加适量石灰，碱度过大可用水淋洗。

（3）含水量　含水量可控制在 37%～40%，即用手抓一把饲料挤捏，指缝间有水即可。

（三）试喂

使用前，先用少量蚯蚓试验饲养，经 1～2 昼夜后，如果有大量蚯蚓自由进入栖息、取食、无任何异常反应，即可大量正式投喂。否则，说明原料腐熟不完全，要继续发酵后才能使用。

（四）饲料厚度

一般为 18～20 厘米，冬季可为 40～50 厘米。

为了让读者进一步了解饲料基料的准备，现在更详细地将上述饲料发酵腐熟前的加工和堆沤发酵饲料的条件介绍如下。

1. 饲料发酵腐熟前的加工

蚯蚓的饲料，一般可分为基础饲料和添加饲料两种：前一种是蚯蚓必需的，是长期栖息和取食的基本饲料；后一种是为蚯蚓补充基础饲料消耗的饲料，是在养殖蚯蚓时经常向饲育箱、床内投放、补充的饲料。不过无论是基础饲料还是添加饲料，在堆制发酵前，必须首先进行加工。如植物类的杂草树叶、稻草、麦秸、玉米秸秆、高粱秸秆等一般要铡切、粉碎成长 1 厘米左右的段；蔬菜瓜果、禽畜下脚料等要切剁成小块，以利于发酵腐败；生活垃圾等有机物质，必须进行筛选，剔除碎砖瓦砾、橡胶塑料、金属、玻璃等无机废物和对蚯蚓有毒、有害的物质，然后进行粉碎。

2. 堆沤发酵饲料的条件

养殖蚯蚓的饲料发酵方法较多，一般多采取堆沤的方法。这种堆沤的方法简便易行，而且可大规模进行。但在饲料堆沤时必须具备以下条件。

(1) 在速成堆沤饲料时，必须注意要有良好的通气条件，因为饲料中的有机物质主要依靠好气性细菌分解发酵，有良好的通气环境，氧气供应充足，可促进好气性微生物的生长繁殖，这样就可以大大加快饲料的分解和腐败。为了有利于饲料堆沤的通气，一般常采用粪料占60％、草料占40％相互混合堆沤。在堆沤饲料时，通气情况往往与饲料堆沤时的堆积疏密以及饲料中所含水分多寡有关。一般堆积饲料周边空气流动好，分解发酵腐熟也较快，而在饲料堆中心部分，由于空气流动差，并且发酵中会产生更多的二氧化碳以至饱和，而氧气极少，不利于好氧微生物的活动和繁殖，中心部分的饲料分解缓慢，往往不完全或不分解发酵，因此在堆沤饲料时最好翻堆1～2次，使空气流通，加速分解发酵。冬季堆沤饲料时，往往因气温较低，加之空气易于流通，饲料堆的温度不易上升，发酵不完全，不易腐熟，因此在堆沤饲料时应将饲料堆踏实，喷灌水，以减少空气流量，调节发酵速度。

(2) 在堆沤饲料时，饲料堆应保持湿润，要有适当的水分，因为通常微生物喜欢松湿的环境。速成堆沤的饲料堆发酵最适水分为60％～80％，在配制时可以手握饲料，其水分可点滴流下，或以木棍插入饲料堆内，棍端湿润为宜。水分过多或过少均会影响饲料分解发酵的速度。饲料堆里水分含量达80％～95％时，有利于嫌氧性微生物生长和繁殖，而不利于真菌和放线菌的生长和繁殖。饲料堆的水分在50％～75％，适宜真菌和好气性纤维分解菌的活动和繁殖，水分含量较低时有利于分解木质素的真菌活动。饲料堆内的水分为10％时，分解作用即停止。可见各种微生物的活动和繁殖是需要大量水分的。当饲料堆沤发酵腐熟完成后，通常要补充水分，以防止料堆干燥而引起硝化作用。因为饲料堆干燥常生成氨而挥发掉，但是腐熟后的饲料堆补充水分也不能过多，以免饲料堆氮素流失，影响饲料的营养价值。

（3）在堆沤发酵饲料时，要充分考虑到为具有分解发酵作用的微生物提供其所需要的营养。一般的混合饲料都含有足够的碳素和磷、钾，而相对缺少微生物必需的氮素，所以要在饲料堆中适当添加水溶性氮素，如硫酸铵、尿素和石灰氮等。一般添加量为0.3％。如果在饲料堆中添加硫酸铁，则应另加等量的石灰，中和因有机物分解而产生的各种有机酸，这样更有利于微生物的生活。添加氢氧化钙时则不需另外加石灰来中和。添加尿素，无需另外加别的物质，因为尿素产生的酸性极其微弱，几乎对酸度无影响。硝酸盐类不适宜作为氮源来添加，因为其还原作用往往会损失许多氮素，经济上不合算。

第四节　蚯蚓的投喂方法

根据养殖的目的和要求以及养殖规模和方法，采取不同的饲料投喂方法，例如混合投喂法、开沟投喂法、分层投喂法、下层投喂法、侧面投喂法等。

一、混合投喂法和开沟投喂法

混合投喂法就是将饲料和土壤混合在一起投喂，大多适用于农田、园林花卉园养殖蚯蚓。一般在春耕时结合给农田施底肥，耕翻绿肥投喂；初夏时结合追肥以及秋收秋耕等施肥时投喂。这样可以节省劳力而一举两得。另外，还可采取在农田行间、垄沟开沟投喂饲料，然后覆土。一般在农田中耕松土或追肥时投喂饲料，也可以收到较好的效果。

二、分层投喂法

包括投喂底层的基料和上层的添加饲料。为了保证一次饲养成功，对于初次养殖蚯蚓的人来说，可先在饲养箱或养殖床上放10～30厘米的基料，然后在饲养箱或养殖床一侧，从上到下去掉3～6厘米的基料，再在去掉的地方放入松软的菜地泥土。初养者若把蚯蚓投放在泥土中，浇洒水后，蚯蚓便会很快钻入松软的泥土中生活，如果投喂的基料良好，则蚯蚓便会迅速出现在基料中，如果基料不适应蚯蚓的要求，蚯蚓便可在缓冲的泥土中生活，觅食时才钻进基料中，这样可以避免不必要的损失。基料消耗后，可加喂饲料，也可采取团状定点投料、各行条状投喂和块状料投喂等方法。各种方法各有其优点。如采用单一粪料发酵7～10天，采取块状方法投喂饲料。在每 0.3 米^2 养殖 800 条赤子爱胜蚓的饲养面上，饲料厚18～22厘米，20天左右可加料1次。加料时即把饲养面上的饲料连同蚯蚓向饲养面的一侧推拢，然后再在推出的空域面上加上经过发酵后的奶牛粪。一般在1～2天内陈旧料堆里的蚯蚓便会纷纷迅速转入新加的饲料堆里。采用这种投料方法，可以大大节省劳动力，并且蚓茧自动分清。在陈旧料堆中的大量卵茧可以集中收取，然后再另行孵化。

三、上层投喂法

将饲料投放于蚯蚓栖息环境的表面。此法适用于饲料的补充，也是养殖蚯蚓时常用的方法之一。当观察到养殖床表面粪化后，即可在上面投喂一层厚5～10厘米的新饲料，让其在新饲料层中取食、栖息、活动。这种投喂方法便于观察蚯蚓取食饲料的情况，并且投料方便。不过新饲料中的水分会逐渐下渗，位于下方的旧料和蚓粪中的水分较大，蚓茧会逐渐埋于深处，对其孵化往往不利，为避免这种情况发生，可在投料前刮除蚓粪。

四、料块（团）穴投喂法

即把饲料加工成块状、球状，然后将料块固定埋在蚯蚓栖息生活的土壤内，这样蚯蚓便会聚集于料块（团）的四周而取食。这种投料方法便于观察蚯蚓生活状况，比较容易采收蚯蚓。

五、下层投喂法

即将新制作好的饲料投放在原来的饲料和蚓粪的下面,可在养殖器具一侧投放新的饲料,然后再把另一侧的旧饲料覆盖在新的饲料上。采用这种方法投喂蚯蚓,有利于产于旧有饲料和蚓粪中的蚓茧孵化,而且由于新的饲料投入到下层,蚯蚓都被引诱到下层的新饲料中,这样便于蚓粪的清除。不过这种投喂方法也有其缺点,往往因旧料不清除,而蚯蚓取食新添加的饲料又不十分彻底,常造成饲料的浪费。

六、侧面补喂法

在原饲料床两侧平行设置新饲料床,经 2～3 昼夜或稍长时间后,成蚓自行进入新饮料床。同时,将原饲料床连同蚓茧和幼蚓取出过筛或放在另外的地方继续孵化,当残存蚓茧全部孵化幼蚓并能利用时,再将蚓粪和蚯蚓分离。

七、穴式补喂法

即将添加料制成球状或块状,在饲养床上开挖若干个洞穴,掏出穴内的旧基料,补入等量的添加料,于是洞穴周围的蚯蚓便聚集于添加料内采食。此法便于观察蚯蚓活动、摄食等状况,也容易采收成蚓。

不管采用哪种投喂方式,其饲料一定要发酵腐熟,绝不能夹杂其他对蚯蚓有害的物质。另外,也可因地制宜,根据饲养方式、规模大小、不同的养殖目的和要求来投喂饲料,更重要的是要根据不同蚯蚓的生活习性来投放和改进投喂饲料的方法,以达到省料、省力、省时和能取得较高经济效益的目的。

第六章　蚯蚓的引种

种蚯蚓的来源通常有两个，一是从人工养殖的蚓种中选种引入，二是从野外采集蚓种进行人工培育、繁殖。前者往往有现成的养殖经验或有关资料可供借鉴，因而养殖较容易，也会获得圆满的结果。

第一节　引种前的准备工作及蚯蚓良种

一、引种的最佳时间

蚯蚓的引种时间一般一年四季均可，但是以春季和秋季较好，因为春季和秋季气温适中，有利于运输，也有利于蚯蚓更快更好地适应新环境。在引种的时候要特别注意尽量避免高温、高寒以及温差较大的时节。

二、引种前的准备工作

决定养殖蚯蚓并在引种前，应做好引种前的准备工作，准备工作的做与不做关系到蚯蚓养殖的成败和经济效益。因此，养殖蚯蚓前应在思想、设施以及技术上做好前期准备，以防盲目引进而造成不必要的经济损失。

（一）场地的准备

蚯蚓的养殖方法较多，有简易养殖法、田间养殖法和工厂化养殖法。但是，饲养蚯蚓的场地一定要选择靠近水源、交通便利的地方。农村可利用庭院、村旁或林间空隙地等进行养殖。场地应排水良好，不能有积水，且能防水浸、雨淋，要求没有噪声、烟气、煤气，通风要良好，无直射阳光，远离使用农药的田地，并且还应注意防止天敌的危害。

（二）设施的准备

蚯蚓的养殖设施较为简单，主要在冬季注意保温。

（三）技术的准备

蚯蚓的养殖技术主要靠自己从养殖专业书籍、报纸杂志和实践中不断探索学习，最好在引种场地实地操作学习一段时间再引种，并不断提高、丰富饲养养技术。

（四）引种的准备

引种前要全面、多方位了解蚯蚓供种货源，掌握蚯蚓的基本知识，坚持比质、比价、比服务的原则，坚持就近购买的原则。

三、适宜养殖的品种

蚯蚓种良种与作物一样，优良的品种是高产最基本的条件。目前，高产蚯蚓品种有以下几种。

（1）大平 2 号（自日本引进） 大平 2 号与赤子爱胜蚓同属一种。

（2）北星 2 号 北星 2 号与赤子爱胜蚓同属一种。

（3）赤子爱胜蚓（俗名红蚯蚓）。

（4）威廉环毛蚓（俗名青蚯蚓）。

（5）野生蚯蚓。

日本大平 1 号、大平 2 号、北星 2 号、北京爱胜蚓等品种耐热耐寒，抗病力强，目前国内几乎都养殖这几个品种，特别是大平 2号和北星 2 号。

但是，由于过去养殖技术落后，让蚯蚓一直祖孙同堂混养在一起而引起近亲交配，笔者走访国内几十家蚯蚓养殖单位和个人，这些蚯蚓品种几乎都严重退化。退化的蚯蚓表现在：①繁殖率低，年增殖率在 100 倍以下；②生长缓慢，从幼蚓至成蚓需约 6 个月；③饲料利用率低，每立方米牛粪仅能生产蚯蚓 3～5 千克；④挑食现象严重等。

选择了良种蚯蚓，就已成功 50%。在蚯蚓养殖中，要根据所需蚯蚓用途的不同，选择不同的蚯蚓品种，才能收到预期的养殖效益。

四、引种注意事项

（1）大批量引种时，不要从社会上的信息部或是种苗公司引入，以免受骗。最好向国家科研单位或是信誉度高的大型蚯蚓繁殖场引购，种蚓质量有保证。

（2）对供种方进行调查咨询，了解计划引入的种蚓是否出现退化，是否经过提纯复壮，供种方是否拥有可靠的配套养殖技术，能否提供良好的售后服务，运输所需的包装容器是否经得起长途运输等细节也应加以了解核实。

（3）对将引入的蚯蚓品种做检疫、查验工作，以确保蚓种质量，防止病虫害传入本地。

（4）很多养殖户购买蚯蚓后，由于运输及安置的处理方法不当而导致蚯蚓出现外逃，甚至出现死亡。就这一情况，这里简单介绍一下引种的处理方法：可将水葫芦或水浮萍稍加切断在地面铺 20厘米左右，将引入的蚯蚓均匀地撒在上面，然后投放一些水果、稀饭或蔬菜、水葫芦，并盖上稻草或其他植物秸秆覆盖保湿即可。若晚上出现外逃现象，可吊一盏白炽灯光防逃。发酵好粪料后即可开展正常的养殖、管理。

第二节　引进蚯蚓品种的挑选

根据不同地区、不同需要、不同条件、不同养殖目的而选择不同品种的蚯蚓。

一般选择易养、易繁殖，能适合当地土壤、气候条件的蚯蚓来选种。如菜园、果园、苗圃多的地区，可选择青蚯蚓养殖，结合大田种植双重利用，既能改良土壤提高肥力，促进植物增产，又可收获蚯蚓动物蛋白饲料。如旧房多、荒地多、土地少的地区，以及城镇居民，可选择红蚯蚓养殖，利用有机废弃物，进行饲养。目前，我国人工养殖的蚯蚓种类主要是赤子爱胜蚓和威廉环毛蚓。赤子爱胜蚓，个体中偏小，生长期短，繁殖率高，食性广泛，易饲养，便于管理，蛋白质含量高，可作人类的美味食品。威廉环毛蚓，个体中等大小，分布广，个体粗壮，抗病力强，也适于大田养殖。

一、一般用蚯蚓

可采用环毛蚓、背暗异唇蚓、赤子爱胜蚓、红正蚓等，这些蚯蚓生长发育快。

二、药用蚯蚓种

一般多用直隶环毛蚓、秉氏环毛蚓、参环毛蚓和背暗异唇蚓等。参环毛蚓又名广地龙。该品种个体较大，长 120～400 毫米，直径 6～12 毫米，背面紫灰色，后部颜色较深，刚毛圈稍白，喜南方气候，食肥沃土壤。

三、改良土壤用蚯蚓种

一般多选择微小双胸蚓、爱胜双胸蚓等。沙质土壤，可选湖北环毛蚓。

四、生产蚯蚓肉、蚯蚓粪用蚯蚓

这种蚯蚓为爱胜属类，较常见的是赤子爱胜蚓，全身 80～110 个环节，环带位于第 25～33 节。自第 4～5 节开始，背面及侧面橙红或栗红色，节间沟无色，外观有明显条纹，尾部两侧姜黄色，愈老愈深，体扁而尾略成钩状，适宜我国多地区养殖，喜吃垃圾和畜禽粪。

五、产粪肥农田用蚯蚓

这种用途的蚯蚓品种主要有白颈环毛蚓，体长 80～150 毫米，直径 2.5～5 毫米，背部中灰色或栗色，后部淡绿色，腹面无刚毛，喜南方气候和在肥沃的菜地、红薯田中生活，松土、产粪，肥田效果较好。

六、作水产饵料用蚯蚓

代表品种有湖北环毛蚓等。该品种长 70～220 毫米，直径 3～6 毫米，全身草绿色，背中线紫绿或深绿色，常见一红色的背血管，腹面灰色，尾部体腔中常有宝蓝色荧光。环带 3 节，乳黄或棕黄色，喜潮湿环境，宜在池、塘、河边湿度较大的泥土中生活，在水中存活时间长，不污染水质。

七、林业用蚯蚓

该类蚯蚓主要有威廉环毛蚓，长 90～250 毫米，直径 5～10 毫米，背面青灰、灰绿或灰黄色，背中线青灰色，喜在林、草、花圃地下生活，产粪肥田。

总之，不论选择哪个品种的蚯蚓进行饲养，均应以提供经济价值高、富含蛋白质或特殊药用成分、生物化学物质的蚓体、蚓粪；生长快，具有较高的繁殖力，年增殖率达 300 倍以上；易于驯化，具有定居性，不逃逸，适合高密度养殖；抗逆性好，耐热、抗寒等抗病力强的品种养殖。

第三节　蚯蚓的捕捉

一、采集时间和时机

区域不同，其采集的时间也不同，一般北方地区采集时间为 6～9 月，南方地区为 4～5 月和 9～10 月。阴雨天是采集的最佳时机。

二、野外蚯蚓诱集方法

野外可利用野生蚯蚓的生存习性和食物喜食性进行诱集。诱集方法有粪料诱集法、甜食诱捕法、茶子饼水驱法、红光夜捕捉法等。

（一）甜食诱捕法

利用蚯蚓爱吃甜食的特性，在采收前，在蚯蚓经常出没的地方放置蚯蚓喜爱吃的腐烂水果等，待蚯蚓聚集在烂水果里，即可取出蚯蚓。

（二）茶子饼水驱法

田间或是菜园的农作物收获后，即可用浸泡好的茶子饼水进行灌水驱出蚯蚓；或在雨天早晨，大量蚯蚓爬出地面时，即可采集。

（三）粪料诱集法

1. 选择场地

操作场地一定要选择在野生蚯蚓资源丰富的地方，且是喜欢动物粪便的野蚯蚓，如威廉环毛蚓、赤子爱胜蚓等，如自留地、河滩边、无水田地、田地基边、竹林、树荫下等。确定野生蚯蚓是否丰富的简单方法是：用耙往你需要查看的地方挖下去 30 厘米，在 5 千克的土壤中起码有 10 条以上的中大个体的野生蚯蚓。

2. 调制引诱粪料

最好的粪是牛、马粪，其次是猪粪（垫草的粪，如果是纯猪粪，需要加入 40% 的草料或农贸市场的有机垃圾），每吨粪先用 5 千克 EM 进行充分发酵（20 天左右，检测方法为：一是看粪的色泽，发酵完成的粪应该呈深棕黄色，草料腐烂，无粪臭味；二是检测 pH 值，粪发酵完成调制后的 pH 值要在 8 以下才能使用；三是直接用蚯蚓做实验，取几条蚯蚓放在发酵调制完成的粪堆上，合格的粪料蚯蚓应该是很温驯地往里面钻，且在 24 小时中都不会爬出，不合格或接近合格的粪料把蚯蚓放在粪料上后，蚯蚓就会把头左右摆动，不愿钻入粪料中，或者钻入粪料几小时后又钻出来，这种情况就要把粪料再重新发酵一次才能使用）。在每吨粪中加入 800 千克的菜园土，混匀。并把 3 千克尿素、5 克糖精、15 毫升菠萝香精、0.5 千克醋精倒入 150 千克干净的水中，溶解后均匀地泼入粪堆中。把粪堆起来再发酵1周,调制完成备用。

3. 开挖收集坑

在野生蚯蚓十分丰富的地方挖一个宽1米、长无限(根据环境位置而定)、深0.5米的坑。挖坑时如果发现坑内有水渗出或积水,则不能使用。

4. 填料

先在坑底铺一层5厘米厚的菜园黑土,接着在黑土上铺上40厘米厚发酵调制好的粪料,最后再在粪料上加一层5厘米厚的菜园黑土。

填铺完后,需要在粪堆上盖一层10厘米厚的稻草或草垫。如果是夏天,在稻草或草垫上用遮阳网进行遮阳;如果是冬季,在稻草或草垫上用农膜进行防寒。

盖完稻草或草垫后马上淋一次水,最好是洗米水或酒糟水(1千克酒糟兑8千克水),以后夏天每3天、冬季每7天淋一次洗米水或酒糟水,防止鸡等动物破坏和积水。北方地区要加厚覆盖草料和农膜(要在天冷前做好,野生蚯蚓会选择这里进行越冬)。

5. 采收

第一次采收是在放料后的第20~30天。先检查里面的蚯蚓是否有很多,如果里面没有蚯蚓,说明粪料有问题,如果里面只有极少量的蚯蚓,说明蚯蚓才刚刚开始进入,需要过一段时间后再采收。

发现里面有较多蚯蚓后,就可以收取。收取时,先把一堆或几堆分成15段来收取,每天收取一段,15天为一个循环周期。收取的方法是用耙子挖,取大留小,每取完一段,要把稻草或草垫重新覆盖好,并当天淋一次洗米水或酒糟水,第二天取第二段……

投料一次可利用半年之久,当发现蚯蚓越来越少时,就需要重新填入粪料或改变场地。

第四节　种蚯蚓的运输

对种蚓装运的安全系数要求高。例如大、中蚓对湿度要求高,耗氧量相应亦大，从而箱内载体的含水率也应偏高，气孔率也偏大；而小蚓、幼蚓体弱，生理活动能量较低，对载体湿度及气孔率要求不像大、中蚓那样高。运输的距离远、装运量大时，必须进行合理包装运输。运输方法有以下几种。

一、短距离运输

可在容器内装入潮湿的饲料或用养殖床上所铺的草料当填充物，然后放入蚯蚓。

二、长距离运输

可用泥和碳作填充物或用养殖床上所铺的草料当填充物，外包以纱布，放入适当大小的容器内，然后放入蚯蚓。

三、邮包邮寄

少量的蚯蚓可装入铁盒或塑料筒，内装潮湿的草料，通过邮局邮寄。

四、分巢载体的装运

即按蚯蚓大、中、小等级和所需生态要求的不同，进行对号选巢穴载体装运。这样，对于批量长途运输和长期贮存都安全可靠，甚至在长达数月的常温季节内下开箱也不会发生任何死亡现象，而大的蚯蚓还会繁殖和正常生长。

蚯蚓载体的制作：用作大、中蚓栖息载体的，在菌化的牛粪中掺入3%的豆饼粉和5%的面粉，拌匀，并加适量淘米水反复揉捏，使之达到可黏成团（含水率约65%），用手捏成大小如鹅蛋的圆团，并滚上一层麦麸或存放数年以上的阔叶树枝末。用作小幼蚓栖息载体的，在菌化牛粪中掺入适量营养液拌匀，并反复揉搓，使其成含水率约为40%的泥状小团块（直径大小2～3厘米）。另外，在大小载体团之间必须有间隙，具有充分的空气含量和增氧、抗腐败细菌、通气换气等很强的生态缓冲作用。

五、注意事项

保持适宜的湿度和通气条件，到目的地后要除去死蚓和病蚓，尽快提供良好的生活条件。

第五节　隔离观察新引进的蚯蚓

为防止新引进的蚯蚓传染疾病，最好进行隔离饲养观察，而动物疾病的防预是养殖业生产得以正常进行的基本保证。总体目标就是要防止病原微生物以任何方式侵害动物，以保持动物处于最佳的生产状态，以获得最佳的经济效益。

疾病的传播方式与传播途径多种多样，其中引种就是疾病传播的一种潜在的危险因素。一般在选种时以选择健康、活泼好动、精神状态好的做种。但是，不是所有表面看起来没什么异常，活泼好动的甚至体格硕大的就是好的蚯蚓种。因为表面没有任何症状，但也可能是某种病原微生物的携带者，病原微生物在动物体内生长繁殖，并能随着排泄物排出动物体外而感染其他动物。当病原微生物达到一定的数量及足够的毒力时，动物便会发病，而且同种动物不同的个体对病毒的免疫能力是不一样的。新引进的蚯蚓种可能当时不会表现出来，但经过一定的时间，病原微生物在新引进蚯蚓的体内繁殖扩大，当病原微生物达到一定的数量及足够的毒力，蚯蚓就可能发病，甚至会导致蚯蚓的大量死亡，所以若不先隔离观察一段时间，病情可能会蔓延到整个养殖场，造成严重的后果。因此，新引进的蚯蚓种要隔离观察几天，防止新的疾病传入自己的养殖场。

第七章 蚯蚓的生长发育和繁殖

第一节 蚯蚓的生长发育

蚯蚓的生长发育周期与饲养温度、密度以及湿度等因素密切相关。其生长可通过不断地使体节增加或增大体节的方式进行，一般为3～4个月。北星2号及良种大平2号的生长发育周期较短，一般为47～128天，有的品种生长周期较长，可达140～180天。蚯蚓从蚓茧产下开始，经过孵化期、幼蚓期、若蚓期、成蚓期、衰老期共五个时期。

一、孵化期

蚓茧的孵化时间与环境温度有密切的关系。赤子爱胜蚓在平均室温21℃的情况下，蚓茧需24～28天孵化成幼蚓，绿色异唇蚓的蚓茧在温度20℃时需36天孵化，15℃时需49天，10℃时需112天。大平2号蚯蚓在10℃时，孵出时间需85天；15℃时，需45天；20℃时，需25天；25℃时，需19天，28℃时，需13天即可孵化出幼蚓。

二、幼蚓期

刚孵化的幼蚓体长为5～15毫米，体态细小且软弱，最初为白色丝绒状，稍后变为与成蚓同样的颜色。此时期是饲养中的重要阶段，直接关系到增重效果。幼蚓期的长短与环境温度相关，其体色也与环境相关。在20℃的环境条件下，大平2号蚯蚓的幼蚓期为30～50天。

三、若蚓期

若蚓期即青年蚓期，其个体已接近成蚓，但尚未出现环带，即未达到性成熟。此期间的蚯蚓体重成倍增长。大平 2 号蚯蚓的若蚓期为 20～30 天。

四、成蚓期

成蚓的明显标志为出现环带，生殖器官成熟，进入繁殖阶段。赤子爱胜幼蚓需在 21℃ 的环境温度下 30～45 天生长发育为成蚓。淡红枝蚓在 18℃ 的温度下饲养，则需经过 100 多天的生长发育才可达到性成熟。赤子爱胜成蚓在交配后 5～10 天产蚓茧。自然环境下的蚯蚓一般在整个秋节和春季增重较快，而在冬季和夏季体重增加较少，有的甚至体重下降。成蚓期是整个养殖过程中最重要的经济收获时期，这期间应创造适宜的温度、湿度等条件，以促进高产、稳产，并延长种群寿命。此期占蚯蚓寿命的一半。

五、衰老期

环带的消失是蚯蚓衰老的主要标示。进入衰老期的蚯蚓体重几乎不增长，当环带消失，则体重逐渐减轻，淡红枝蚓到 550～600 天趋于死亡。若在 9℃ 温度下养殖的淡红枝蚓，性成熟、环带消失更晚，其寿命更长。进入衰老期的蚯蚓已失去经济价值，应及时分离、淘汰。

蚯蚓的生长发育与温度、湿度以及所投喂的饲料等生态因素有着密切的关系。在人工养殖状态下，蚯蚓个体的寿命远远长于自然环境下生存的蚯蚓。不同种类的蚯蚓，其寿命长短也有所差异。

第二节　蚯蚓的繁殖

生活史指蚯蚓在一生中所经历的生长发育及繁殖的全部过程。生活史包括一个生殖细胞的发生、形成和受精，到成体的衰老、死亡。一般分为蚓茧形成、胚胎发育和胚后发育三个阶段。

一、生殖细胞的发生

随着个体生长，生殖腺逐渐发育，其内也逐步进行着生殖细胞的发生过程，到一定的时期，再排入贮精囊或卵囊内，进一步发育成精子或卵子。成熟的精子包括头、中段和尾三部分，全长 72 微米，有的可长至 80～86 微米（为人类精子长度的 2 倍）。蚯蚓的卵多为圆球形、椭圆形或梨形。陆栖蚯蚓的卵较水栖蚯蚓的卵小。赤子爱胜蚓卵的直径只有 0.1 毫米，由卵细胞膜、卵细胞质、卵细胞核以及最外面一薄层由卵本身分泌的卵黄膜所构成。

二、交配

异体受精的蚯蚓，性成熟后即可进行交配，使配偶双方相互受精。蚯蚓的交配方式大多为异体交配受精，即把精子输送到对方的受精囊内暂时贮存起来，为而后的受精作准备。不同种类的蚯蚓交配的姿势大致相同，但有的种类也有所差异，蚯蚓都是雌雄同体，虽然许多种类也能行孤雌生殖生产蚓茧，但绝大多数的种类是以交叉受精生殖，有些种类在地面上交配，另一些种类在地下交配。除了处在不适宜的条件下或夏眠或滞育外绝大多数种类是全年周期性交配，不同的种类交配方式也有差异。如正蚓科的蚯蚓交配时头尾交错腹面紧贴在一起，一条蚯蚓生殖带区紧贴在另一条蚯蚓的受精囊孔上，以完成交配。而赤子爱胜蚓在交配时，两条蚯蚓身体呈前后倒置，腹面相贴，一条蚯蚓的环带区域正对着另一条蚯蚓的受精囊孔区域，环带的前端与另一条蚯蚓的雄孔区正对应。环带区所分泌的黏液可将两者黏附在一起，并且在环带之间有 2 条细长黏液管，将两者互相缠绕，两条蚯蚓相互贴近的腹面凹陷。此时具有明显的两纵行精液沟，交配时精液沟的拱状肌因有节奏地收缩，从雄孔排出的精液向后输送到自身的环带区，并进入到另一个体的受精囊内。两条蚯蚓相互受精完成后，则从相反方向各自后退，退出缠绕的黏液管，直到两个体完全脱离接触。这样的交配过程需 2～3

小时。在自然界通常赤子爱胜蚓多在初夏和秋季夜晚时分，在含有丰富有机质的堆肥处交配，然而人工养殖的蚯蚓，只要条件适宜，一年四季均可交配繁殖。

在交配过程中，卵从蚯蚓的雌孔中排出体外，由于蚯蚓的卵细胞没有任何运动器，只能被动地排出，也就是存在于卵囊或体腔液内的卵，依靠蚯蚓的卵漏斗和输卵管上纤毛的摆动，使其经雌孔排出体外。

蚯蚓的受精过程是雏形蚓茧途经受精囊孔时，先前交配时所贮存的异体精液就排入雏形蚓茧内，从而完成了受精过程。精子具有纤毛状的尾部，可行游泳运动，可与悬浮的卵相遇而受精。

蚯蚓产生蚓茧是由蚓体环带分泌蚓茧膜和细长黏液管开始，经排卵到雏形蚓茧从体前端脱落，蚓茧前后封口为止。大多数种类的蚯蚓在生产蚓茧的过程中即开始了受精，有的蚯蚓是在交配结束后，利用交配时环带区分泌的细长黏液管便形成了蚓茧而受精。

野生蚯蚓多在初夏、秋季的肥堆中交配，人工养殖蚯蚓，只要条件适宜，一年四季都可发生交配。

三、排卵与受精

排卵是指蚯蚓通过雌孔将卵排出体外的过程。处在卵囊或体腔中的卵，由于没有运动器，主要依靠卵漏斗、输卵管上纤毛的摆动，被动地使卵经雌孔排出体外。雌孔往往在第一环带节腹面正中央（环毛蚓），故卵直接排入环带所形成的蚓茧内。包含有一至多个卵的雏形蚓茧，因其后的体壁肌肉较其前的体壁肌肉收缩强烈，雏形蚓茧与体壁间又有大量黏液起润滑作用，加上雏形蚓茧外周与地表接触受阻，蚓体向后倒行，使得蚓体前端逐渐退出雏形蚓茧。当受精囊孔途经雏形蚓茧时，原来交配所贮存的异体精液就排入雏形蚓茧内，从而完成受精过程（图 7-1）。

四、蚓茧形成

从环带开始分泌蚓茧膜及其外面细长的黏液管起，经排卵到雏

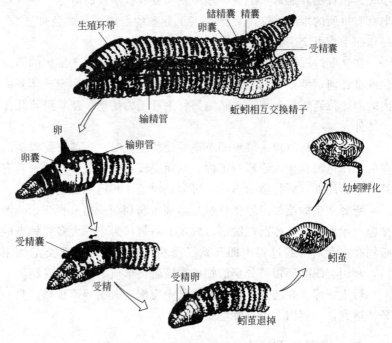

图 7-1 蚯蚓的交配和蚓茧形成

（自 Hickman）

形蚓茧从蚓体最前端脱落、蚓茧前后封口成蚓茧止，是蚓茧形成的
全过程，蚓茧内除含有卵子外，还有精子及供胚胎发育用的蛋
白液。

　　蚓茧的生产场所，蚓茧的颜色、形状、大小、产卵量及蚓茧的
生产量常因蚯蚓种类的不同而有差异。

　　(1) 蚓茧的生产场所　不同种类的蚯蚓，其蚓茧生产的场所有
所不同。正蚓科蚯蚓，如红色爱胜蚓、日本异唇蚓、背暗异唇蚓，
一般产蚓茧于潮湿的土壤表层，遇干旱则产于土壤较深处；八毛枝
蚓等多产于腐殖质层中，赤子爱胜蚓多产于堆肥中。

　　(2) 蚓茧的颜色　蚓茧的颜色一般随着蚓茧产出后时间的推移
而逐渐改变，刚生产的蚓茧多为苍白色、淡黄色，随后逐渐变成黄色、淡绿色或淡棕色，最后可能变成暗褐色或紫红色、橄榄绿色。

（3）蚓茧的形状　蚓茧的形状也因种类不同而有所差异，通常多为球形、椭圆形，有的为袋状、花瓶状或纺锤状，少数为细长纤维状或管状。蚓茧的端部较突出，有的为簇状、茎状、圆锥状或伞状。

（4）蚓茧的大小　蚓茧的大小与蚓体宽一般成正相关，差别较大。赤子爱胜蚓的蚓茧一般长 3.8～5.0 毫米、宽 2.5～3.2 毫米。

（5）蚓茧的含卵量　不同种类蚯蚓，蚓茧含卵量不同。有的仅含一个卵，有的则含多个卵，如赤子爱胜蚓的蚓茧一般含 3～7 个卵，有的蚓茧含 1 个或 20 个甚至 60 个卵。

（6）蚓茧的生产量　蚓茧的年生产量依种类、个体发育状况、气候、食物因子等而变化。野生蚯蚓蚓茧生产有明显的季节性。处于不利环境时（干燥、高温等）可能在短期内多生产些蚓茧。栖息于土壤表层的一些蚯蚓其蚓茧生产量往往比穴居土壤深处（如环毛蚓）的要多些。在人工饲养的良好条件下，蚯蚓可全年生产蚓茧。在 20～26℃ 条件下，每条蚯蚓每天产 0.35～0.80 个蚓茧。

蚓茧构造分为三层：最外层为蚓茧壁，由交织纤维组成；中层为交织的单纤维；内层为淡黄色的均质。刚产出的蚓茧，其最外层为黏液管，质地较软，一般黏性较大，随后逐渐干燥而变硬，黏液管的内面为蚓茧膜，此膜较坚韧，富有一定的保水和透气能力。蚓茧膜内形成囊腔，并有似鸡蛋蛋清的营养物质充斥着，卵、精子或受精卵悬浮其中，此液的颜色、浓稠程度也常因蚯蚓种类和所处的环境不同而有所差异，蚓茧对外界的不良环境有一定的抵抗能力，但其抵抗能力是有限的，如温度过高会使蚓茧内的蛋白质变性。

五、蚓茧的孵化

蚓茧的孵化过程也是胚胎发育的过程，是指从受精卵开始分裂起，到发育为形态结构特征基本类似成年蚯蚓的幼蚓，并破茧而出的整个发育过程（即孵化）。它包括卵裂、胚层发育、器官发生三个阶段。先是受精卵经过卵裂后，形成多个细胞，即进入囊胚期，开始进行胚层的分化，形成原肠胚，最后进入器官发生阶段，不同的胚层会形成不同的器官和系统，一般由外胚层逐渐分化，形成环肌层、体壁上皮、刚毛囊、腹神经索、脑、感觉器官、口腔、咽、雄性生殖管道的后端及其内壁上皮等，由内胚层逐渐溶化和形成消化系统，由中胚层慢慢形成纵肌层、体腔上皮、心脏、血管和生殖腺等。胚胎发育完成后，幼蚓从蚓茧中钻出即结束胚胎发育。蚯蚓胚胎发育的完成即为蚓茧孵化过程的结束。孵化所需时间及每个蚓茧孵出的幼蚓数，因种类、孵化时的温度、湿度等生态因子而变。

一般赤子爱胜蚓每个蚓茧孵出幼蚓 1～7 条，在平均室温 21℃情况下，蚓茧需 24～28 天孵化成幼蚓，幼蚓需 30～45 天变为成蚓。成蚓交配后 5～10 天产蚓茧。平均每条蚯蚓的世代间隔平均在 59～83 天。

六、胚后发育

由蚓茧中孵化出来的幼蚓，经生长发育达到性成熟、生殖，然后逐渐衰老以及死亡，这个过程即为蚯蚓的胚后发育（即寿命）。蚯蚓的生长，一般指蚓体重量和体积的增加。而发育指蚯蚓的构造和机能从简单到复杂的变化过程。两者既有区别，又密不可分。

蚯蚓的生长曲线一般呈"S"形，即幼蚓在达到性成熟前，体长、体重都急剧增加，性成熟（环带出现）到衰老开始（环带消失）前这一阶段，体重增加不多，但生殖能力很强。一旦环带消失，体重渐减。蚯蚓的胚后发育时间往往因种而异。一般赤子爱胜蚓 55 周，长异唇蚓 50 周。自然条件下，不同发育阶段的蚯蚓常处在同一环境中，其组成往往随季节而变化。秋末产的蚓茧在北方很多来不及孵化，故冬天蚓茧比例大。春天成蚓较多。到 6 月（夏季）因蚓茧孵化使幼蚓数量激增，到秋天幼蚓数量又逐渐减少，体重较大的成蚓数量渐增。

第三节 影响蚯蚓生长发育及繁殖的因素

蚯蚓为变温性动物，其体温随外界环境温度的变化而变化。因此，其生长发育及繁殖等均受环境温度、湿度、光照、酸碱度、食物、季节变化以及养殖密度和疾病等因素的影响。

一、温度

适宜的温度是蚯蚓生长发育的必要条件，同样决定着蚯蚓生长发育的速度。通常蚯蚓在5～35℃温度范围内活动，生长和繁殖最适宜且速度较快的温度为20℃左右；温度在28～30℃时，蚯蚓能维持一定的生长，若温度在32℃以上时，则蚯蚓停止生长；温度高于35℃时，蚯蚓则会进入夏眠阶段；温度在10℃以下时，蚯蚓活动迟钝；温度在5℃以下时，则处于休眠状态，并有明显的萎缩现象，故温度在40℃以上，0℃以下时，常导致蚯蚓死亡。

适宜的温度是蚯蚓生长繁殖的必要条件，也是决定蚯蚓生长速度和繁殖速度的条件之一。不同的温度对生殖的影响很大，不同种类的蚯蚓繁殖的最佳温度也有所不同。例如，背暗异唇蚓和某些其他蚯蚓，在6～16℃温度范围内增殖的数量增加4倍，温度越高蚓茧孵化越快。例如，绿色异唇蚓的蚓茧在温度20℃时需36天孵化，15℃时需49天，10℃需112天。

在不同的温度下，蚯蚓繁殖的幼虫数量也有很大不同。一般情况下，在适宜温度范围内，当温度下降时，其蚓茧数量减少，当温度升高时，其产卵茧率上升。当温度超过25℃时，赤子爱胜蚓的产卵茧率明显下降，当温度下降到8℃以下时，则停止产卵茧。

根据有关试验测定，当温度在8.5～35℃时，赤子爱胜蚓每月可产蚓茧，最高仅为每条1个，最低为0.016～0.096个。每条成蚓每年平均可产蚓茧24个；当温度在24～27℃时，每条成蚓每月可产蚓茧24个。在8.5～25℃时，蚓茧的产量与温度的高低成正相关。此外，温度的高低也会影响蚯蚓产蚓茧时间和蚓茧孵化所需时间的长短。一般当温度在 20～25℃时，是赤子爱胜蚓产蚓茧和蚓茧孵化的最佳温度，可见产蚓茧的数量与温度密切相关。

二、湿度

湿度的大小和高低，对不同种类蚯蚓的生长发育和蚓茧的孵化时间长短均有密切影响。若环境过于干燥，蚯蚓体表将因失水而无法进行气体交换，会迅速死亡。不同种类的蚯蚓对环境湿度的要求也有所不同，如赤子爱胜蚓最适宜的土壤含水量为 20%～30%。如果栖息于发酵的马粪中，则马粪的适宜含水量为 60%～70%。当温度在 19～24℃，饲料湿度为 60%～65%时，产蚓茧量和蚓茧的孵化最佳。威廉环毛蚓要求土壤湿度为 60%～70%。正蚓科的蚯蚓一般栖息于潮湿环境中，个体较小；而栖息于菜园、路旁等较干土壤中的蚯蚓，多为较耐干旱的环毛属蚯蚓，个体较大，若在通气良好的情况下，可生活在湿度为 75%的土壤中，繁殖旺盛。一般遇到干旱，蚯蚓会从背孔喷出体腔液以湿润体表，或者钻入土壤深处避旱。

三、食物

食物也是影响蚯蚓生长发育及繁殖的长期、关键的生态因素之一。食物不足时蚯蚓之间会发生激烈的竞争，特别是在养殖密度较高的情况下，个体间对食物的竞争加剧，往往导致生殖力下降、病虫害蔓延，死亡率增加、一些蚯蚓逃逸等。食物对蚯蚓的影响，不仅表现在食物的数量上，而且体现在食物的质量上。例如，饲喂腐烂或者发酵的、来自动物的有机物比植物性有机物生长更快、更好；喂以含氮丰富的食物（如畜粪）比含氮少的食物（如秸秆）使蚯蚓生长繁殖更好。以畜粪为食的蚯蚓，它们所生产的蚓茧数，比以粗饲料即草料为食的同种蚯蚓要多十几倍到几百倍。

四、酸碱度

蚯蚓对酸碱都很敏感，因为蚯蚓体表各部分散布着对酸、碱等有感受能力的化学感受器官，蚯蚓在强酸、强碱的环境里不能生存，但对弱酸、强碱环境条件有一定的适应能力。大平2号蚯蚓一般在pH6～8的范围内生长发育较好，在pH7～7.5的范围内产蚓茧最多。

另外，在养殖过程中，若酸碱度不适宜蚯蚓的生长发育，则需要进行工人调节，可用碳酸钙、有机酸（醋酸、枸橼酸等）等对蚯蚓养殖物的pH值进行调节。不可使用硫酸、盐酸、硝酸等强酸，或是氢氧化钠和生石灰等强碱进行调节。

对于不同种类的蚯蚓，温度过高、过低，湿度过大、过小，以及光照、通气、盐类、酸碱度等因素都会影响其生长和繁殖。

五、季节变化

季节变化不仅影响蚯蚓的活动和代谢水平，还非常明显地影响着蚯蚓的生长发育和繁殖。蚯蚓在冬季各月新陈代谢较慢，生长发育速度也随之放慢，生产蚓茧数量也少，在5～7月间生长发育较快，生产蚓茧最多。在人工养殖条件下，如果一年中始终保持适宜的温度、湿度，那么，蚯蚓的生长及蚓茧的产量也与土壤的温度成正相关。

第四节　蚯蚓的寿命

蚯蚓的寿命长短常因其种类和生态环境的不同而异。计算蚯蚓的寿命，一般从个体发育开始，到个体生命结束为止，即从幼蚓从蚓茧破茧而出到蚯蚓自然死亡为止，包括从幼蚓到性成熟、完全成熟、衰老直至死亡各个阶段。不同种类的蚯蚓其寿命长短也有差异。养殖状态下的蚯蚓寿命一般要高于野外自然条件下生活的蚯蚓。正蚓类在田间的寿命大约4年，在人工养殖条件下，长异唇蚓寿命可高达10年零3个月；赤子爱胜蚓寿命约为15年，从精卵的发生、交配、排卵、受精，7～10天产出蚓茧，14～21天后孵出幼蚓，3～4个月后性成熟，环带开始出现，1年后完全成熟，1～1.5

年后开始衰老，环带消失，此后为衰老期，15年后即死亡。蚯蚓环带的消失，标志着蚯蚓繁殖期的终结，衰老随之开始，这时蚯蚓体重下降，各个器官、系统结构和机能也出现衰老，随着时间的推移，终因生理机能衰老而死亡。蚯蚓在自然界还常常受到各种天敌、病害以及恶劣环境的侵害而死亡，因此在自然界蚯蚓的寿命一般较之人工养殖条件下要短得多。

第八章　蚯蚓的人工繁殖技术

第一节　蚯蚓的提纯与复壮

养殖户应在确定养殖品种后引种。引种要去信誉好的养殖地，而且每次不要在同一地方引种，可以去不同的地区，然后将不同地区的种蚓一起喂养，这样做的目的是为了避免近亲繁殖引起的种性退化和抵抗力及产量的降低。同一种在不同地区或多或少存在一定的差异，我们可以选用异地的优良种与本地的优良种进行杂交育种，可提高蚯蚓的生产能力、适应能力和抗病能力，即所谓的杂种优势。或是采捕蚯蚓时，不断选择个体大、活动能力强、产卵量高的个体分开单养作为种蚓，不断对养殖良种进行提纯。

一、建立选种池

首先建立原种池、繁殖池、生产池等分层次的繁育体系，不要混养，避免近亲交配导致品种退化。

二、选种要求

平时应注意选择优质的种蚓进行繁殖，优质的种蚓应具有以下特点。

（1）环带　达到性成熟的蚯蚓其环带红晕粗壮明显。

（2）体态　体形健壮饱满，活泼爱动，爬行迅速，粗细均匀，无萎缩现象。

（3）色泽　色泽鲜亮，呈现本品种特有颜色，如环毛蚓呈蓝宝石色，爱胜属蚯蚓呈栗红色等。

（4）对光照的敏感程度　健康的蚯蚓对光照的感知程度较敏感，遇强光时逃避迅速。蚯蚓的感知敏感程度将直接关系到其对生态、微生态和生理以及体生化运动的自调能力。

（5）原体　蚯蚓具有全信息性的再生能力，即截体数段的残体均可在伤口愈合的同体独立形成一复原整体。对于这种复原体，虽然和原体极为相似，但还是有区别，而这些复原体不可再作为种蚯蚓培育。

因此，在选种时，一般将长势好的蚯蚓放入原种池中，随时剔除那些退化、短小、体色异常、病态衰老的个体。

三、提纯复壮的步骤

原种池不断培育出长势好、保持优良品种特征的蚯蚓原种。饲料厚度 15 厘米左右。平时不要翻动池中的饲料。把原种池培育出来的优良品种进行第二级纯种繁殖，不断扩大优良品种数量，为生产提供大量的蚯蚓。从繁殖池移来的蚓茧或幼蚯蚓投入生产池进行第三级繁殖。

四、定期分床隔池

原种池与繁殖池每隔一定时间要换料一次，蚓茧进入另一池孵化，同时也不能让池中的酸度过高，具体的换料时间以具体情况而定，pH 值可以作为一个参考。大体上是高温季节每隔 15 天左右，低温季节每隔 30 天左右要彻底换除旧粪料，全部装入新饲料。原种池的旧料和蚓茧移入繁殖池孵化，繁殖池的旧料与蚓茧移入生产池孵化。料的厚度 15 厘米左右，含水量以手抓住饲料使劲捏能捏出水即可。做到上松下湿不积水，才能提高孵化率。

第二节　蚯蚓养殖场育种计划的制订

一、育种的方法

育种的方法有品种选育与纯种繁育（品系繁育）。

（一）品种选育

本品种选育一般是指在本品种内通过选种、选配、品系繁育和改善培育条件等措施以提高品种性能的一种繁育方法。本品种选育的基本任务是保持和发展一个品种的优良特性，增加品种内优良个体的比重，克服该品种某些缺点，以达到保持品种纯度和提高整个品种质量的目的。

本品种选育和纯种繁育既相似又有区别。纯种繁育习惯上指在培育程度较高的品种内部所进行的繁殖和选育，其主要目的是获得纯种，而本品种选育的含义则较广，不仅包括培育品种的纯繁，还包括地方品种和品群的改良提高，纯种繁育并不强调保纯，因而必要时还可采用某种程度的小规模杂交。

本品种选育一般是在一个品种的生产性能基本满足国民经济发展的需要，不必做重大的方向性改变时使用。

1. 本品种选育的意义

（1）保持和发展品种的优良特性　一个品种能基本满足国民经济发展的需要，说明控制优良性状的基因在该品种群体中有较高的频率，但若不能开展经常性的选育工作，优良基因的频率就会因遗传漂变、突变和自然选择等作用而降低，甚至消失，从而导致品种的退化。通过本品种选育，能够使优良基因的频率始终保持较高的水平，甚至得到进一步提高，从而使品种的优良特性得到保持和发展。

（2）保持和发展品种的纯度　任何一个品种都不可能在所有的基因位点上达到基因型的完全一致，尤其是受人工选择影响较大的高产品种，变异范围更大，这就为本品种选育提供了遗传基础，同时也使本品种选育成为十分必要的育种手段。通过本品种选育，可以保持和提高群体基因的纯合程度，从而为直接使用或培育新品种及杂种优势利用提供高质量的品种群。

（3）克服品种的某些缺点　任何一个品种都不可能十全十美，或多或少都存在一些缺点，有的缺点甚至还较严重。通过品种内的异质选配，就能以优改劣，克服品种的某些缺点；若品种内的异质选配不能奏效，还可以通过引入杂交来引进相应的优良基因，从而加快选育进程。

国内外育种实践证明，应用本品种选育，不仅可以迅速提高地方品种的生产性能，而且还能使培育品种的性能继续得到提高。

2.本地品种的选育特点

本地品种即指地方品种，它们是在特定的生态条件下经过长期辛勤培育而成。它们都能适应当地的自然条件和经济条件，但在一些经济性状上，除部分选育程度较高的品种外，大部分（处）处于较低的水平，而且性能表现也不够一致。因此，本地品种的选育特点是在提高生产性能的同时，提高群体基因纯合度。

3.本地品种选育的基本措施

我国本地品种很多，其现状与特点各不相同，因而选育措施也不可能完全一样。目前在选育过程中，主要采取的基本措施如下。

（1）加强领导和建立选育机构　动物品种的选育是集技术、组织管理为一体的系统工程，具有长期性、综合性和群众性的特点，因而必须加强领导，组织品种调查，确定选育方向，拟定选育目标，制订选育计划，检查、指导整个选育工作，协调各有关单位的关系。

（2）建立良种繁育体系　在品种主产区，应办好各种类型的繁殖场，建立完善的良种繁育体系。良种繁育体系一般由专业育种场、良种繁殖场和一般繁殖饲养场组成。专业育种场的主要任务是集中进行本品种选育工作，培育大量优良种装备各地良种繁殖场，并指导群众育种工作。良种繁殖场的主要职责是扩大繁育良种，供应一般繁殖饲养场和专业户的合格种饲养动物。

（3）建立健全性能测定制度和严格选种选配　育种群亲本都应按全国统一的有关技术规定，及时、准确地做好性能测定工作，建立健全动物种的档案，并实行良种登记制度，定期公开出版良种登记簿，以推动品种选育工作。选种选配是本品种选育的关键。选择性状时，应针对每个品种的具体情况突出几个主要性状，以加大选择强度。在选配方面，可根据品种改良的不同要求采用不同的交配制度。为了建立品系和迅速提高纯度，在育种场的核心群可以采用适当程度的近交。但在良种繁殖场和一般饲养场之间，则应避免使用近交。

（4）开展品系繁育　品系繁育是加快选育进展的有效方法。因此，无论是地方品种还是育成品种的选育，都应积极开展品系繁育工作。在建立品系时，应根据品种的特点和育种场的具体情况采用适宜的建系方法。如果群中同类优秀个体多但无亲缘关系，可采用同质群体继代选育法建立品系；若群中缺乏优秀个体，而各个体又有各自优秀性状时，可将有优点的个体汇集一群，通过异质群体继代选育而建立品系。

（5）科学饲养，合理培育　动物性状的表现是遗传与环境相互作用的结果。良种只有在适合的饲养管理条件下，才能发挥其高生产性能。因此，在进行本品种选育时，应把饲料基地建设、全价配合饲料生产、改善饲养管理与进行合理培育等放在重要地位。

（6）适当导入外血　当采用上述常规选育措施仍无法获得明显效果，不能有效地克服原品种的个别重要缺陷时，可以考虑引入杂种，适当导入外血。由于导入少量外血，基本上没有动摇原品种的遗传特性，所以仍属本品种选育的范畴。

4. 引入品种选育

（1）引种时应注意的问题　由于自然条件对动物的品种特性有着持久、深刻而全面的影响，所以引种必须慎重。只有在认真研究引种的必要性后，方可确定引种与否。在确定需要引种后，为了保证引种成功，还必须做好以下几方面的工作。

① 正确选择引入品种　引入品种必须具有良好的经济价值和育种价值，必须符合国民经济发展需要和当地品种区域规划的要求，必须有良好的环境适应能力。一个品种的适应范畴大小和适应性强弱，大体可从品种的选育历史、原产地条件和分布范围等方面做出判断。为了正确判断一个品种是否适宜引入，最可靠的办法是先引入少量个体进行引种试验观察，经实践证明其经济价值和育种价值良好，又能适应当地自然条件和饲养管理条件后，再大量

引种。

② 慎重选择引入个体 引入的个体必须是品种特征明显、体质结实健康、生长发育正常、无有害基因和遗传疾病的个体，年龄以幼年为宜。

③ 合理安排调运季节 为了让引入动物在生活环境上的变化不过于剧烈，使有机体有一个逐步适应的过程，在引入动物调运时间上应注意原产地与引入地季节气候差异。如从温带地区引至寒冷地区，宜于夏季抵达；而由寒冷地区引至温暖地区，则宜于冬季抵达，以便使动物逐渐适应气候的变化。

④ 严格执行检疫制度 为了防止带进引入地原先没有的传染病，必须切实加强动物种的检疫，严格实行隔离观察制度。否则，会给生产带来巨大的损失。

⑤ 加强饲养管理和适应性锻炼 引种后的第一年是关键的一年，为了避免不必要的损失，必须加强饲养管理。为此，要做好引入动物的接运工作，并根据原来的饲养习惯，创造良好的饲养管理条件，选用适宜的日粮类型和饲养方法。在迁运过程中，为防水土不服，应携带原产地饲料，供途中和初到新地区时饲喂。根据引入动物对环境的要求，采取必要的防寒和降温措施，积极预防地方性传染病和寄生虫病。

在改善饲养管理条件的同时，还应加强适应性锻炼，促使引入动物尽快适应引入地区的自然环境与饲养管理条件。

⑥ 采取必要的育种措施 对新环境的适应性不仅品种间存在着差异，即使同一品种不同个体间也有不同。因此，应注意选择适应性强的个体留种，淘汰不适应个体。选配时应避免近亲交配，以防止生活力下降和退化。为了使引入品种更易于适应当地环境条件，也可考虑采用杂交的方法，使外来品种的血缘成分逐代增加，以缓和适应过程。在环境条件非常艰苦的地区，引入外地品种确有困难时，可通过引入品种与本地品种杂交的办法，培育适应当地条件的新品种。

(2) 引种后动物的表现 由于自然环境条件、饲养管理条件的变化和选种方法或交配制度的改变，引入动物的品种特征总是或多或少发生一些变异。这些变异根据其遗传基础是否发生变化可归纳为暂时性变化和遗传性变化两种类型。

① 暂时性变化　自然环境的变迁和饲养管理的变化，常使引入品种的动物在体质外形、个体发育、生产性能以及其他生物学特性和生理特性等方面发生一系列暂时性的变化。但由于其遗传基础并未改变，只要所需条件得到满足，这些变化就会逐渐消失。

② 遗传性变化　遗传性变化大体分为两类。

a. 适应性变异。在风土驯化过程中，引入品种动物可能在体质外形和生产性能上发生某些变化，但适应性却显著提高，这就是适应性变异。适应性变异有利于风土驯化和引种的成功。

b. 退化。品种退化是指家畜的品种特性发生了不利的遗传性变异。其主要特征是体质过度发育、生活力下降、发病率和死亡率增加、生产性能下降、繁殖力下降、性征不明显、畸形胎和死胎增多等。

应当指出的是，判断一个品种或畜群是否发生退化，乍看似乎很简单，其实这是一个相当复杂的问题。因为品种特性和生活力的具体表现，不仅受遗传的制约，而且在不同程度上受环境条件的影响。只有当一个品种或畜群发生了不利的变异，即使消除了引起不利变异的环境因素，且提供了合适的饲养管理和环境条件，其后代的品种特性和生活力仍不能恢复时，才能确认发生了品种退化。

（3）引入品种选育的主要措施　根据上述特点和我国各地的经验，对引入品种的选育应采取以下措施。

① 集中饲养　引入品种的动物应相对集中饲养，并建立以繁育该品种为主要任务的良种场，以利展开选育工作。

② 慎重过渡　对于引入品种的饲养管理，应采取慎重过渡的办法，使其逐步适应。要尽量创造有利于引入品种性能发展的饲养管理条件，实行科学饲养。同时，还应加强其适应性锻炼，提高其耐粗饲性、耐热性和抗病力，使之逐渐适应我国的自然环境和饲养管理条件。

③ 逐步推广　在集中饲养过程中要详细观察并记录引入品种的各种特性，研究其生长、繁殖、采食习性和生理反应等方面的特点，为饲养和繁殖提供必要的依据。经过一段时间的风土驯化，摸清了引入品种的特性后，才能逐步推广到生产单位饲养。良种场应做好推广良种的饲养、繁殖技术的指导工作。

④ 开展品系繁育　品系繁育是引入品种选育中的一项重要措施。通过品系繁育除可达到一般的目的外，还可改进引入品种的某些缺点，使之更符合当地的要求；通过系间交换动物种，可防止过度近交；此外，还可通过综合不同品系，建立我国自己的综合品系。

⑤ 建立相应的选育协作机构　在开展引入品种的选育过程中，应该建立相应的选良协作机构或品种协会、加强组织领导和技术指导工作，及时交流经验，开展选育协作，促进选育工作的开展。

（二）纯种繁育（品系繁育）

1. 品系繁育应具备的条件

品系的繁育，既可在品种内部选育形成，也可通过杂交培育而成。无论通过何种途径和方法育成，品系都必须具备下列条件。

（1）突出的优点　突出的优点是品系存在的先决条件，它体现了品系存在的价值，用时也是区别不同品系的标志。

（2）相对稳定的遗传性　品系应具有较高的遗传稳定性，尤其是能将自己突出的优点稳定地遗传下去，并在与其他品种或品系杂交时能产生较好的杂种优势。

（3）有一定数量的个体　品系应具有足够数量的个体，以保证其在自群繁育时不致被迫进行不适度的近交而导致品系的过早退化，甚至消亡。

2. 品系繁育的作用

品系繁育是指围绕品系而进行的一系列繁育工作，其内容包括品系的建立、品系的维持和品系的利用等。品系繁育的主要作用在于加速现有品种的改良、促进新品种的育成和充分利用杂种优势。

（1）加速现有品种的改良

① 利用品系繁育可以增强优秀个体或群体的影响，使个别优秀个体的特点迅速扩散为群体共有的特点，甚至使分散于不同个体的优良性状迅速集中外转变为群体所共有的特点，增加群内优秀个体的数量，从而提高现有品种的质量。

② 利用品系繁育可以将多个经济性状分散到不同品系（或品系群）中去选育，使各个性状均能获得较大的遗传进展，且在遗传上容易稳定，从而提高原有品种的性能水平。

③ 利用品系繁育可以使品种内不同品系间既保持基本特征上的一致，又使少数性状存在较大差异，从而使原有品种在不断分化建系和品系综合过程中得到改进和提高。

④ 利用品系繁育可使品系内保持一定程度的亲缘关系。而品系间存在相对的血缘隔离，从而使品种既保持了遗传的稳定性，又避免了近交衰退的危害。

（2）促进新品种的育成　品系繁育不仅可用于纯种繁育，也可用于杂交育种。当杂交育种的早期（杂交创新阶段）出现理想型个体时、就可以用品系繁育，迅速稳定优良性状，并形成若干基本特性相似又各具特点的品系，建立品种的完整结构，促进新品种的育成。

（3）充分利用杂种优势　品系繁育不仅提高了品系的性能水平，也提高了各品系的遗传纯度，还使品系间保持一定的遗传差异。因此，这些品系间杂交可产生强大的杂种优势，用各品系的家畜与其他地方品种成品系杂交，也能获得良好的效果。

3. 品系繁育的步骤

品系是品种内具有共同特点，彼此有亲缘关系的个体所组成的遗传性稳定的群体。

（1）建立基础群　建立基础群，一是按血缘关系组群，二是按性状组群。按血缘关系组群，先将蚯蚓进行系谱分析，查清蚯蚓后代的特点，选留优秀蚯蚓后裔建立基础群，但其后裔中不具备该品系特点的不应留在基础群。这种组群方法适宜在遗传力低时采用。

按性状组群，是根据性状表现来建立基础群，这种方法不管血缘而按个体表现组群。按性状组群在蚯蚓的遗传力高时采用。

（2）建立品系　基础群建立之后，一般把基础群封闭起来，只在基础群内进行繁殖，逐代把不合格的个体淘汰，每代都按品系特点进行选择。最优秀的亲本尽量扩大利用率，质量较差的不配或少配。亲缘交配在品系形成中是不可缺少的，一般只作几代近交，以后转而采用远交，直到特点突出和遗传性稳定后纯种品系已经育成。

（3）血液更新　血液更新是指把具有一致的遗传性和生产性能，但来源不相接近的同品系的种蚯蚓，引入另外一个蚯蚓群。由于它们属于同一品系，仍是纯正种繁育。血液更新在下列情况下进行：一是在一个蚯蚓群中，由于蚯蚓的数量较少而存在近交产生不良后果时；二是新引进的品种改变环境后，生产性能降低时；三是蚯蚓群质量达到一定水平，生产性能及适应性等方面呈现停滞状态时。血液更新中，被引入的亲本在体质、生产性能、适应性等方面没有缺点。

选种是蚯蚓品质的选择，选择的蚯蚓种又通过选配来巩固选种的效果，因此，选配是选种的继续。

二、促性培养

促性培养就是通过人为干预的方法，促使蚯蚓达到性成熟。由于蚯蚓为雌雄同体，因此，在操作时要注意雌雄的同一性，防止因用药过早、过重而造成蚯蚓绝对雄性或雌性化，导致蚯蚓生长缓慢、繁殖率低下或是不繁殖等不良后果。

（一）促进雌性培养

从杂交的优秀群体再次进行分组后实施促雌性培养。雌性激素的种类有益母素、绒毛膜促性腺激素、己烯雌酚及苯甲酸雌二醇等，而目前常采用的雌性激素一般以益母素为佳。具体的操作方法如下。

（1）拌入喷水中　将益母素按 5 毫升加入 30 千克清水的比例

用药，每3天向地面喷雾1次。每次用量以每平方米1.5千克为宜，连续用药1个月即可。

（2）拌入饲料中　将饲料调整为偏酸性后，每千克饲料中加入5毫升益母素为宜，一般每3天投药一次，连续使用1个月即可。

（二）促进雄性培养

从杂交的优秀群体再次进行分组后实施促雄性培养。雄性激素的种类有仙阳雄性素、甲基睾丸素、丙酸睾丸素等，目前普遍采用的是仙阳雄性素。具体的操作方法如下。

（1）拌入饲料中　每千克饲料加入1.5毫升仙阳雄性素。先将饲料调整为偏酸性，再取少量饲料加入仙阳雄性素，搅拌均匀后，再倒入要配制的全部饲料内搅拌均匀。一般每3天给药1次，连续半个月可收到明显的效果。

（2）拌入喷水中　将仙阳雄性素按照1毫升加入15千克清水的比例，每周向地面喷雾1次，每次用量以每平方米1千克为宜，连续用药3次即可。

（三）促性后组合

对蚯蚓雌雄促性培养后，再将这两种培养后的蚯蚓进行雌、雄组合，形成一个新的杂交体。即排列为：①ABC×ABD；②ABC×ABC；③BCD×BCD。

三、加速幼蚓的成熟过程

由于原种蚯蚓的繁殖优势率比较高，而种蚯蚓因贪繁殖量，蚓茧质量有一部分明显降低，这一方面是由于营养的吸收转化能力跟不上产茧量的需要，另一方面是由于性功能的优势性和产茧的优势性不能同步，而造成产茧的优势性滞后现象。因此，可使用"保茧素"来解决蚯蚓产茧质量低和出现间歇性产茧的现象。方法是，50毫升的"保茧素"兑纯净清水1000毫升，经稀释后均匀喷雾在基料上，每周喷洒一次，每次每平方米用药量为500毫升。需注意的是，在使用"保茧素"时，应与"活性素"分开使用。

四、选择育种方法

各个养殖场育种的目的是不同的，有的是专门为了提供蚯蚓种，有的是为了生产目的。因此对育种的要求就不同，若是为了提供蚯蚓种，那么就得详细地阅读前面的育种方法，了解其育种方法，按照其步骤一步一步地做；但如果只是为本厂自己提供以生产为目的的幼蚓，那么只需简单浏览找到自己所需的育种方法，以此为目的的育种只需要简单杂交，得到良好的后代即可用来生产经济产品了。

第三节 蚯蚓人工繁殖的技术要点

蚯蚓繁殖的最佳温度为 20～30℃，在这个温度范围内蚯蚓交配最活跃，产卵量最大，孵化时间短，超过这一温度范围蚯蚓虽然也能繁殖，但效果要差一些，蚯蚓繁殖的最佳湿度为 70%，可用手紧握饲料或培养基有几滴水从指缝流出，这时的湿度即相当于70%左右，如果水不断流下，这时湿度超过 80%，不宜用来繁殖蚯蚓；如果没有水滴下，张开手后，培养基马上散开，这时湿度低于 60%，也不宜用来繁殖蚯蚓。蚯蚓繁殖的最佳 pH 值是 7 左右。繁殖时注意添加牛粪、瓜果等营养丰富的饲料。

第九章 蚯蚓的饲养管理

第一节 饲养管理的原则

一、对饲养管理人员的要求

虽然养殖蚯蚓的技术要求不像人工养蛇那么高，男女老少均可操作。但是，饲养管理人员或养殖户要热爱此工作，并且对工作积极负责，才能做好此项工作，获得收益。在养殖时还是需要一些技术，在养殖前，饲养管理人员必须进行专业知识和管理技能的培训。通过培训，提高认识、树立信心；还要熟悉蚯蚓的习性及养殖中所需要注意的有关问题，掌握基本的操作技术。

二、饲养管理人员日常应做好的工作

饲养管理人员应经常进行细致认真地观察，及时发现问题，并及时采取有效措施进行解决。观察内容包括以下几点。

（1）查看环境情况，如温湿度变化、通风、土壤的酸碱度等，若蚯蚓有什么不适反应，应立即纠正。

（2）查看饮食情况，饲料被吃的情况，投喂的量是否不足，是否有未完全发酵的饲料，下雨天是否有水浸泡等情况。

（3）查看蚯蚓的健康情况，看体色是否有光泽、正常，看行动是否敏捷，进食是否正常等。

（4）查看蚯蚓的密度情况，看个体生长和繁殖速度是否下降、成活率是否下降等均可判断蚯蚓的密度大小等。

（5）蚯蚓的饲养工作具有长期性和连贯性，在养殖过程中要记

录相关数据，从中找出蚯蚓的生长规律，从而提高养殖技术和经济效益。

第二节　蚯蚓的日常管理

一、养殖池基料的铺设

（一）幼蚓池的铺设

幼蚓池可和孵化池合并在一起。由于幼蚓比较小，上下活动比较困难，基料的铺设除按中、成蚓池铺设以外，在基料中间设置圆锥形投料管，一般每平方米设置 2 个。可以用柳条、荆条等编制成底部直径为 25 厘米左右，上面直径为 8 厘米左右的投料管。最后在基料上面铺设表层即可，表层的处理和产茧池的表层处理相同。

（二）中、成蚓池的铺设

由于中、成蚯蚓生长旺盛，人工养殖密度也比较大，基料铺设的厚度相对要厚些，一般在 35～50 厘米，并要设置通气孔，通气孔可用直径为 8 厘米的竹筒、塑料管等，在体壁上钻孔洞代替，夏季每平方米可设置 2～3 个，春秋季节可设置 1 个，冬季可不设。在铺设基料时除要进行消毒处理外，还要铺设垫层和中间层，垫层应将较粗的大豆秆、高粱秆或是花生秆等韧性较好的农作物秸秆铺于池底，一般厚度为 3 厘米左右，并稍微压实。在底层上面铺一层旧报纸即可铺设基料，在铺设基料时要拌入 0.5% 的增氧剂。

（三）产茧池的铺设

先用"新洁尔灭"或是其他消毒液对全地四周进行喷洒消毒处理，1 天后再用清水冲洗一次，待池壁干爽具有一定吸水性后，再在池的四周喷一次 500 倍液的"益生素"，最后进行分层铺设基料。产茧池的基料铺设不宜太厚，一般在 25～30 厘米，铺设后并对上层 2 厘米的厚度喷洒浓度为 1000 倍液的"益生素"，并加盖稻草或其他遮阴物，以保证表层不受风吹日晒，保证基料的相对湿度。

二、日常管理要点

每次投饵时，先将箱表面的蚯蚓粪轻轻刮去（蚯蚓的粪便排在饵料的表层），将余下的饵料及蚯蚓集中于一侧，重新添上一层新饵料，再将陈料覆盖于新料上。定期翻料是养殖蚯蚓的一项重要工作，每隔1周要将养殖箱上下层料对翻1次，以利于通气。具体做法是先清除粪便，再将上下层的料对翻，最后再投饵。室外养殖要注意保持箱内湿度，大雨天要遮雨。

（一）翻动料床

蚯蚓耗氧量较大，需经常翻动料床使其疏松，或者在饲料中掺入适量的杂草、木屑，如料床较厚，可用木棍自下而下戳洞通气。

（二）通风透气

注意使养殖床上饲料透气，滤水良好，保持适宜的温度和湿度；在养殖床上面加盖，晚上开灯，防止逃走。

（三）适时投料

在室内养殖时，养殖床内的饲料经过一定时间后逐渐变成粪便，必须适时给以补料。

（四）适时分养

在饲养过程中，种蚓不断产出蚓茧，孵出幼蚓，而其密度就随着增大。当密度过大时，蚯蚓就会外逃或死亡，所以必须适时分养和收取成蚓。

（五）定期清除蚓粪

清理蚓粪的目的是减少养殖床堆积物并收获产品。清理时要使蚓体与蚓粪分离，对早期幼蚓可利用其喜爱高湿度新鲜饲料的习性，以新鲜饲料诱集幼蚓；对后期幼蚓、成蚓和繁殖蚓可用机械和光照及逐层刮取法分离，即用铁爪扒松饲料，铺以光照，蚯蚓往下钻，再逐层刮取残剩饲料及蚓粪，最后获得蚯蚓团。

(六) 适时采收

适时采收，及时调节和降低种群密度，保持生长量的动态平衡。

(七) 防止敌害

要预防黄鼠狼、青蚯蚓、鸟、鸡、鸭、蛇、老鼠等生物的危害。

三、饲料投喂

在饲养床养殖的蚯蚓，由于处于不同阶段及饲料不同，其饲喂的方法也有所不同。

(一) 幼蚓的饲喂

幼蚓的饲料以松散、含水分较小为主，防止投喂过稀、湿度过大的饲料，以免造成中、下层阻塞，降低透气性导致缺氧等现象，造成幼蚓不适或死亡。

（1）饲料管投喂法 由于幼蚓的行动是根据其周龄的增长而逐步向基料下深入，为了减少蚯蚓上下运动的相互干扰，因此，在基料的中间层设置饲料管，使下层的蚯蚓不用到达上层也可以取食。

使用饲料管投喂幼蚓，要经常观察饲料管内蚯蚓对饲料的取食情况，即不要出现饲料过剩，降低饲料的新鲜度和适口性，又不能出现因饲料不足，而造成幼蚓之间的相互争食，影响整体生长发育。

（2）草垫饲喂法 草垫饲喂法比较适合投喂比较稀，且含水较高的饲料。草垫可采用稻草或麦秆等长而绵软的农作物秸秆进行编制，编制成长、宽、厚分别为 70 厘米、40 厘米、1.5 厘米的长方形草垫，要求以松而不散、密而不紧为原则。编制好后用 3‰～5‰的生石灰水浸泡 1 天，使草垫充分软化及消毒，最后再用清水冲洗。草垫一般顺着基料的方向摆放，每平方米可放置 3 个，并在草垫上喷上一些蔗糖水，以作为初步驯化幼蚓的引诱剂。投喂时，将调配均匀的饲料投放在草垫 1/2 之处，投放的饲料量以不溢出草垫边沿为宜，然后，将草垫无饲料的一半向上折叠置饲料上，将饲料盖上。最后喷水清垫，当饲料向下渗透完以后，便打开草垫折叠部分，用清水喷雾清洗干净，并喷一层"益生素"以防止霉变或招惹蝇蚊等。草垫可不收起，这样既有利于基料的保湿，又方便蚯蚓取食。

（二）青年蚓的投喂

青年蚓的生长速度较快，投喂的饲料量也比较大，饲料也可粗放些。由于蚯蚓是变温性动物，其消化的快慢与温度有着密切的关系，因此，投喂青年蚓的饲料应根据温度的变化进行增减，一般20～25℃是蚯蚓生长发育的最佳温度，也是生长最快的时期，其消耗的饲料也多，因此，此温度段应多投料，可在基料表面全部撒上饲料，待采食完后间隔4～5小时，继续投喂饲料；在25～30℃高温以及15～20℃低温时，由于温度偏高和偏低，蚯蚓的采食量明显减少，且低温时基料的透气性也明显下降，应少投料，因此，可将饲料撒于基料面上1/2之处，并交替投放饲料的位置。低温时投料应薄撒，最好是采用挖坑深埋料的方法，为深层蚯蚓补料。

（三）成蚓的投喂

成蚓的投喂方法比较多，各地可根据具体情况制定，成蚓的投喂法有轮换堆料法、上层投喂法、混合投喂法、开沟投喂法、分层投喂法等，前面章节已介绍过，这里不再重复。

四、投放密度

要提高产量，必须增加养殖密度，但养殖密度不是越大越好，而是有一定限度，超过限度，反而使个体生长和繁殖速度下降。养殖密度小，成活率和增长速度快，但产量低；密度过大，增长速度慢，成活率低；密度适中，生长速度虽不太快，但有一定的个体数量，因此可获得较高产量。合理的养殖密度对幼蚓的增长、繁殖速度有密切关系。当然养殖密度大小也不是绝对不变的，随蚯蚓个体大小、饲料质量、温度的高低适当变动。若基料厚度为 30 厘米左右时，体形较小的北星 2 号和大平 2 号种蚓，每平方米饲养床可放养 4000～5000 条；而体形较大的参环毛蚓，每平方米宜投放 150～200 条。若是 1 日龄以内的赤子爱胜幼蚓，每平方米可放养 3 万～4 万条；待养殖到 1 个月至 1 个半月，可调整到每平方米 2 万条左右；养殖到 1 个半月以上，则养殖密度可调至每平方米 1 万左右。若养殖目的主要是为了收获成蚓，则以每平方米投放 1 万条左右为宜；若是种蚓产卵孵出的幼蚓为繁殖蚓，每平方米可放养 3000～5000 条。

因此，养殖密度要根据具体情况而定。如饲料充足、质量好，管理完善，密度可大，反之应小。此外，幼蚓期密度可大，成蚓期密度可小。以获取蛋白质为目的，养殖密度可大；以繁殖为目的，养殖密度可适当减小。

五、温、湿度的调控

（一）温度的调控

蚯蚓属变温动物，温度是直接影响蚯蚓生长发育和繁殖的重要因素，其生长的最佳温度为 20～25℃，因此，为使蚯蚓的生存环境达到最佳状态，促进其加快生长，调控温度至最佳状态是关键。特别是夏季和冬季，温度较高和较低，甚至超出了蚯蚓的耐受极限。我国夏季南北温度普遍较高，外界温度超过 30℃ 的时间比较长，因此，夏季在管理中要注意对温度进行调控，及时做好防暑降温工作。夏季给蚯蚓床或池降温的方法有很多。

1. 适时喷水

如果资金允许，最好是在基料上方装置喷水系统。通过喷水和基料中水分的蒸发，也可起到降温作用。

2. 种植遮阴农作物

可在养殖蚯蚓的基料上方架设棚架，并种植一些藤蔓作物，如葫芦、葡萄、丝瓜、苦瓜等，让其繁茂的枝叶遮挡烈日，减少阳光的直接照晒，从而降低温度，保持基料湿度，为蚯蚓创造一个清凉舒适的生活环境。

3. 设置遮阳网

架设棚架，从市场上购置遮阳网并覆盖在棚架上，也可起到遮阳降温的作用。

（二）湿度的调控

1. 基料湿度的检测

日常管理中，检测基料湿度大小也是重要工作之一。基料湿度因种类不同其要求基料的含水程度也有所不同，即使相同的基料其不同部位的湿度也是有所区别的，不能因片面掩盖整体，造成湿度失控。因此，应取基料的上、中、下三部分进行检测。方法是用手抓起能捏成团，手指缝可见水痕，但无水滴，其湿度为 $40\% \sim 50\%$；用手捏成团，稍微晃动基料能散开，其湿度为 $40\% \sim 60\%$；用手捏成团后，手指缝见有积水，有少量滴水，其湿度为 $50\% \sim 60\%$，若有断续的水滴，其湿度为 $65\% \sim 70\%$，若水滴成线状下滴，基料湿度为 80%，若抓起基料不用手捏即有水滴成线状下滴，其湿度在 80% 以上。

2. 基料湿度过大的处理

造成基料湿度过大的原因比较多，主要有以下几方面。

（1）蚓粪沉积过厚　随着蚯蚓采食基料而排出粪便，未能及时分离，使得大量粪便沉积后，造成基料松散程度下降，透气性降低，即容易出现湿度过大或积水现象。应常清理蚯蚓粪便，根据情况更换湿度过大的部分基料。

（2）饲料水分过大　饲料中含水率较高，一是饲料中的水分直接进入基料中，二是蚯蚓采食高水分的饲料后，粪便的水分含量也比较高，造成基料中的水分间接增高。因此，投喂的饲料含水分不可过大。

（3）滤水层阻塞　特别是在雨季，排水不畅，雨水冲掉基料中的泥水，常易阻塞滤水挡板，因此，应经常检查、清理。同时还应注意通气筒的清洗工作，保证基料中氧气的含量。

3. 基料湿度过小的处理

基料的湿度过小对蚯蚓的生长发育及繁殖也不利。而造成基料过干的原因比较多,如基料中的水分蒸发过快、空气湿度过小而干燥、温度高等都会使基料短时间内干燥。可采用以下方法处理。

① 增加喷水的次数,补充基料中的水分。

② 借助投喂含水分较多的饲料,来增加基料中的水分。

③ 覆盖农作物秸秆,减少基料中水分的蒸发。

在养殖过程中,温度和湿度是影响蚯蚓生长的重要因素,而两者又具有一定的内在关系,即温度和湿度的相对平衡。当温度高时,一方面基料的透气性增强,可容纳较多的水分,另一方面基料中的水分蒸发也较快,因此,要加大基料中的水分,提高基料的湿度;相反,当温度低时,一方面基料的透气性降低,可容纳的水分较少,另一方面基料中的水分蒸发较慢,因此,要减少基料中的水分,降低基料湿度。维持好温度和湿度的比例关系十分重要,高温、低湿或低温、高湿或高温、高湿都不利于蚯蚓的生长发育和繁殖。

六、分离蚓粪与蚓茧

蚯蚓在箱养和大型养殖床中的蚓粪与蚓茧需要分离,分离方法有以下几种。

(一) 筐漏法

对经过几次加料、成蚓密度大、蚓茧数量多、饲料已基本粪化的养殖床,把蚯蚓和粪粒一起装入底部有 12 厘米×12 厘米的铁丝网的大木筐,利用蚯蚓避光的特性,在光照下,蚯蚓会自动钻到下层,然后用刮板逐层把粪粒和蚓茧刮入装料车,直至蚯蚓通过网眼、钻入下面新饲料上。然后把粪粒和蚓茧移入孵化床,在适宜温、湿度条件下,经 30~40 天,蚓茧全部孵化,并长成幼蚓后,再继续用上述筐漏法,把幼蚓与粪粒分离,幼蚓进入新养殖床。粪粒经风干、筛选、化验和包装成为有机复合肥料供应市场或自用。

（二）饵诱法

当养殖床基本粪化时，可用以下方法分离蚓粪与蚓茧：①停止在表面加料而在养殖床两侧添加新饲料。②待大部分成蚓被诱入新饲料中，再将含有大量蚓茧的老饲料床全部清出，然后再把老床两侧的新饲料和蚯蚓合并，清出的蚓茧和蚓粪，移在放有新饲料的养殖床上面进行孵化。③待幼蚓孵出后，进入下层新饲料层取食，然后把上层的蚓粪用刮板刮出，进行风干，包装作有机肥料。

（三）刮粪法

利用光照，使蚯蚓钻入下方，然后用刮板将蚓粪一层一层刮下，最后蚯蚓集中在养殖床地面。取出的蚓粪和蚓茧移入孵化床进行孵化培养。幼蚓孵出后，用同法再进行分离。

七、防逃

一般在温度、湿度适宜，饲料充足，空气通畅，无强光照射，无有害物质和气体，无噪声或电磁波干扰，无水分过大、过小的情况下，蚯蚓是不会逃跑的。若饲养管理疏忽，使得蚯蚓养殖密度过高、过大，食物、氧气供应不足，空间狭小，代谢废物增多，空气不畅通，投喂的食物和蚯蚓所栖息的生活环境不适时，往往会引起大量蚯蚓逃跑的现象。因此，人工养殖过程中，按照蚯蚓的习性和需求来改进饲养方法，提高管理水平。日常管理中应注意以下几点。

① 将基料充分发酵后再进行投喂，以免基料发酵不全而产生不良气体，使蚯蚓难以耐受。

② 注意添加料中不得混入蚯蚓敏感的有毒成分。

③ 根据蚯蚓的饲养日龄及个体的大小适时调整饲养密度，以防成蚓与幼蚓"同代同居或隔代同居"，而使成蚓迁移外逃。

④ 淋水过多，排水不畅，基料积水，造成氧气不足。

⑤ 基料的温度、湿度严重偏离蚯蚓生长的适宜范围。

⑥ 基料内外的温度、湿度相近，而饲养床缺乏夜间照明，蚯蚓便会在天黑之后外逃。

⑦ 捕捉的野生蚯蚓转为人工饲养，在未驯化成功前，夜间也会逃跑。

八、防敌害

蚯蚓的天敌较多，人工养殖环境中，注意防止各种杂食性、肉食性和寄生性动物，例如蚂蟥、蜈蚣、蝼蛄、螨、蜘蛛、寄生蝇、蚂蚁、青蚯蚓、蟾蜍、蛇、麻雀、画眉、喜鹊、乌鸦、田鼠等。在蚯蚓养殖池或饲养床内常见的是蚂蟥、螨、蚂蚁、蟾蜍和鼠类。为了防止危害蚯蚓的天敌进入池、床，可以在池、床外的四周撒布杀虫剂。为了避免蚯蚓误食杀虫剂而引起中毒死亡，也可以采取其他措施：在投放种蚯蚓时尽量防止蚂蟥混入饲养池、床，加料时也要禁止蚂蟥随料进入池、床，用西瓜皮、水果核或人们食用后的肉骨头诱杀蚂蚁，用面粉诱杀螨；用鼠夹或鼠笼捕捉鼠类，用稻谷或麦粒诱捕麻雀等鸟类，使用围网预防蝼蛄、鸡、鸭。其他防治方法：在养殖床周围挖水沟，用猫杀鼠，用百虫灵喷杀蚂蚁、蟑螂、蝼蛄等。总之，根据不同的养殖方式，针对蚯蚓天敌的生活习性，加以防范和防治。

第三节　蚯蚓不同阶段的饲养管理

一、种蚯蚓的饲养管理

在选择良种蚯蚓进行养殖的基础上，为了获得高产，还要注意留种。在长期人工养殖某一种蚯蚓的情况下，常会由于近亲交配而出现退化现象，所以在养殖过程中，应注意选择个体长粗、具光泽、食量大、活动力强且灵敏的蚯蚓分开单独饲养，作为后备种蚓。或利用种间杂交的方法来培育具有杂种优势的后代，并通过人工选择不断扩大种群，留作种蚓。

一般种蚯蚓可连续使用 2 年，2 年以后种蚯蚓的产茧数量和质量都会明显下降，因此应及时淘汰和更新。

种蚓的管理要点是：合理地配制全价饲料，提供最佳繁殖性能所需的适宜温度（24～27℃）、适宜湿度（60％左右），并且保证合理的养殖密度，体形较大的参环毛蚓以每平方米饲养床放养 200 条左右为宜；威廉环毛蚓以每平方米放养 900 条左右为宜；体形小的北星 2 号及太平 2 号每平方米放养 4500 条左右。无论何种品种的种蚯蚓，其放养密度以每平方米 20～25 千克为宜。并及时分离蚓茧（每隔半个月至 1 个月，结合投料和清理蚓粪进行）。采收的蚓茧投入孵化床保湿孵化，同时翻倒种蚓床，用侧投法补料，以改善饲育床生态条件，以利繁殖。

种蚓在繁殖产茧期间需要充足的营养，若投喂的食物营养不均衡全面，使得营养与产茧需要跟不上，就会出现产茧数量减少和蚓茧质量下降。因此，应在每次收取蚓茧的前 5 天投喂高蛋白精饲料。同时为了增加产茧量，在取茧后的第 2 天应喷施一些促茧添加剂。

二、蚓茧的饲养管理

（一）蚓茧的收集

人工养殖的蚯蚓一般将蚓茧产于蚓粪和吃剩下的饲料中。每年 3～7 月和 9～11 月是繁殖旺季，应每隔 6 天左右从种蚓饲养床刮取蚓粪和其中的蚓茧，并用网筛法、刮粪法、料诱法等方法将蚓茧与蚓粪进行分离。

（二）蚓茧孵化的条件

（1）温度　蚓茧孵化时的温度特别重要，这直接影响蚓茧的孵化率和孵出时间的长短。当温度在 8℃时，蚓茧便停止孵化；温度在 10℃时，赤子爱胜蚓的幼蚓平均需要 65 天才孵出；温度在 15℃时，平均需 31 天才孵出，其孵化率为 92％，平均每个蚓茧能孵化出幼蚓 5.8 条；温度在 20℃时，19 天可孵出幼蚓；温度在 25℃时，17 天可孵出幼蚓；温度在 32℃时，则仅需 11 天即可孵出幼蚓，不过，孵化率仅为 45%，平均每个蚓茧孵出 2.2 条幼蚓。可见蚓茧孵化时温度越高，孵化所需的时间越短，但孵化率和出壳率下降。蚓茧孵化的最佳温度一般为 20℃ 左右，孵化初期可保持 15℃，以后每隔 2～4 天加温，直至 27℃ 止；幼蚓孵出后应马上转移到 25～33℃ 的环境条件下养殖，并供给充足、新鲜、营养丰富的饲料，幼蚓生长发育极快。

（2）湿度、通气及光照　适宜湿度：60%～70%。夏季每 2～4 天浇水 1 次，冬季每 5～7 天浇水 1 次，水滴宜细小而均匀，随浇随干，不可有积水。在孵化的中后期，蚓茧通过茧壳的气孔进行气体交换，需要的氧气量较多，因此，中后期由初期的原料埋茧改为薄料，以增加空气通透性。

当积温达到 190～215℃ 时，应给予 2～3 次的阳光照射，每次 5 分钟左右，可以激化胚胎，使幼蚓出壳整齐一致，同时提高孵化率。

（三）孵化法

将收集的蚓茧放在废木箱或柳条筐或其他容器内孵化。可用盆孵化法、堆式孵化法、床式孵化法等方法进行孵化。

（1）盆孵化法　将已发酵腐熟、含水率为 60% 的基料放入盆内，厚度为 10 厘米，然后将日龄相近的蚓茧均匀地摊铺在基料上，蚓茧上覆盖 5 毫米厚的细土，表面盖一层纸，喷水淋湿纸面。将盆移于阴暗的室内即可，温度保持在 22～30℃，每天洒水保温。约 2 周后即可孵出成批幼蚓，然后转入饲养床进行培育。采用此方法可使孵化率提高 25% 左右，平均每枚蚓茧孵出幼蚓 3.8 条，比常规自然孵化（平均 2.5 条）率高。

（2）床式孵化法　将收集的蚓茧连同细小蚓粪平铺在宽 40 厘米、长度不限的孵化床上，每平方米蚓茧密度宜为 4 万～4.5 万枚。孵化床的两床之间开设条状沟，沟宽约 10 厘米，沟中铺放蚯蚓喜食的细碎饲料。孵化床表面覆盖塑料薄膜或草帘，以利于床面保温、保湿。孵化过程中，用小铲轻轻翻动蚓茧、蚓粪 1～2 次，条状沟内的基料则不必翻动，适量喷水，使之与较干的床面形成一定的湿度差，利用蚯蚓喜湿怕干的习性，诱集刚孵出的幼蚓尽快进入基料沟内而与床面蚓粪分离。

（3）堆式孵化法　选择阴凉、潮湿的场地，将蚓茧连同蚓粪堆积成小山状，每堆高 50～70 厘米，埋设 1 个竹编的幼蚓诱集笼，其中放置蚯蚓嗜食的带甜味的烂水果之类的诱料。并在堆中插入几个空心、筒壁有很多孔的竹筒，以利于通风透气。注意喷水及排水。在 24～27℃ 的条件下，15 天左右即可发现诱集笼中有不少孵化出的幼蚓，及时转移至养殖床上即可。

三、幼年期的饲养管理

幼蚓刚从蚓茧孵出，一般呈丝线状，身体弱小，幼嫩，新陈代谢旺盛，生长发育极快，在管理上应特别注意。在投喂饲料时应注意选择疏松、细软、腐熟而营养丰富的饲料，制作成条状或块状来投喂。

概括起来要做到以下几点。

（1）适宜温度　幼蚓孵化出后应马上转移到 25～33℃ 的环境条件下饲养。

（2）水分　用喷雾器喷洒，使水细小呈雾状，每天喷洒 2～3 次，但不能有任何积水。

（3）饲料　饲料要新鲜、疏松、细软、腐熟、易消化、营养丰富。

（4）天敌　注意蚂蚁、蜘蛛、老鼠等危害。

（5）密度　孵化不久的幼蚓体小，放养密度为每平方米 4 万～4.5 万条，20 日龄时，可降低养殖密度，每平方米放养密度为 2 万～3 万条即可。

（6）基料　孵出前期幼蚓的基料厚度为 8～10 厘米，当基料表层大部分粪化时，及时清除蚓粪，将饲养床成倍扩大，并每隔 1 周疏松 1 次基料，隔 10 天左右清粪并采用下投法补料 1 次。后期由于幼蚓生长迅速，活力增强，需要供给大量养分和空气，因此，基料厚度应增为 15 厘米，每周清粪、补料、翻床 1 次。

第四节 蚯蚓不同季节的饲养管理

一、春季的管理

春季当温度高于 15℃时，冬眠的蚯蚓复苏并开始活动，但春季气温不稳定，忽高忽低，昼夜温差也比较大，且雨水多，因此，抓好春季的管理也是十分重要的。

当春季气温稳定超过 15℃时，白天可将越冬时期覆盖的塑料薄膜撤去，晚上温度低，则需再盖上保温薄膜或是农作物秸秆，尤其是野外养殖的蚯蚓。若是孵化期的蚓茧和繁殖种群，温度低于 18℃时，而生长期的蚯蚓，温度低于 10℃时，则应采取加温补救措施：在基料上挖直径为 25～35 厘米，深为基料 2/3 的圆洞，以每平方米挖一个为宜，然后将处理的家畜禽等粪料填入挖好的圆洞内，上部覆盖原来的基料，最后观察温度的变化，若温度上升不到 25℃，说明粪料发酵不理想，则可在粪料中加入米酒曲之类的酵曲促进升温；若升温过高，在 50℃以上，则说明加入的粪便过量，则可清除一部分，使温度降到蚯蚓所需要的最佳温度状态即可。

二、夏季的管理

由于夏季气温高，且日光照射较强烈，饲养基水分散失快，因此，夏季管理应注意降温和保湿，如在养殖场搭盖遮阳网或覆盖挡光物，并增加喷水次数等。同时应注意更换新基料，在基料中增加枝叶类植物，以提高基料的透气性，增加溶氧性。最好在基料中喷施"益生素"，以增加基料中有益菌的种类和数量，减少有害菌的繁殖。

三、秋季的管理

由于秋季蚯蚓育肥和繁殖均需要大量的营养物质，除搞好饲料的投放外，还应考虑基料的营养物质，应及时分批分期更换基料，同时更换基料还可提高基料内的温度，以补充秋季外界温度下降的不足。

另外，晚上气温较低时覆盖农作物秸秆或是塑料薄膜增加基料中的温度，白天温度高时可将覆盖物撤去。雨天则应在基料上覆盖塑料薄膜，并做好排涝工作，防止大量雨水浸入基料中，使基料湿度过大，对蚯蚓的生长繁殖不利。

四、冬季的管理

在自然界，蚯蚓冬眠前要经历一个准备阶段，它们的生理活动逐渐减弱，生长、发育和繁殖暂时停止，体内开始积累大量的脂肪和糖类等营养物质以度过外界条件不良的时期。为了加快蚯蚓繁殖，把蚯蚓的冬眠变成冬繁，在冬季必须建立人工暖棚，如利用太阳热能、饲料的发酵热或者其他燃料来保温，这样就可以大大提高蚯蚓的产量。事实上，在外界条件适宜的情况下，蚯蚓一年四季均能产卵、繁殖、生长。

冬季管理主要是升温、保温。越冬保种是我国广大地区开展蚯蚓养殖中不可忽视的环节。为了来年大规模养殖确保种源的供应，尤其在我国广大的北方地区，在冬季更应特别注意。可利用塑料大棚或锅炉热气、太阳能热水器或其他工厂的散热进行保温，将温度控制在 18～28℃。夏天可用通风、喷水、缩小养殖堆等措施降温。

（一）室内养殖

冬季要堵严门窗，防止漏气散温。还可采用火炉、火墙、暖气等升温措施。

（二）露天养殖

（1）冬季来临之前，应该在快到入冬季节、温度降低时，将蚯蚓移入地窖、室内或温室养殖，以免因严寒死亡。尤其在秋末冬初或初春季节，气候易变昼夜温差过大，都应及早采取保温防冻措施。北方可利用温室、暖棚、菜窖、防空洞，也可在室内建土坑，增设火炉、暖气等加温设施，有的地方也可采用太阳能装置加温或用发电厂、钢厂余热、地热等加温。

（2）养殖层加厚到40～50厘米，饲料上面覆盖杂草，上面再盖塑料薄膜。

（3）利用发酵物生热保温　在养殖床底铺一层20厘米厚的新鲜马粪，也可以掺部分新鲜鸡粪，粪的含量在50％左右，踏实后上面铺一层塑料膜，塑料膜上面放蚯蚓和饵料，利用禽畜粪便发酵保温。总之，应保持蚯蚓养殖坏境的温度和湿度，以便顺利越冬保种，供春暖后养殖发展。冬季养殖条件适宜，蚯蚓可以照常生长发育和产茧繁殖。

下面以赤子爱胜属蚯蚓为例，讨论蚯蚓冬季的饲养管理。

这种蚯蚓耐寒性强。在冬季，如管理得当，生产蚯蚓并不比夏季困难，同时也应根据各地的具体情况采取越冬措施。

（1）保种过冬　在严冬到来之前，将个体较大的成蚯蚓提取出来加工利用，留下一部分作种用的蚯蚓和小蚯蚓，把料床加厚到50厘米左右，也可以将几个坑的培养料合并到一个坑，上面加一层半发酵的饲料，或新料与陈料夹层堆积，调整好温度，加厚覆盖物，挖好排水沟，就可以让它自然过冬，到春天天气转暖时再拆堆养殖。

（2）保温过冬　室外保温过冬，利用饲料发酵的热能、地面较深厚的地温和太阳能使蚓床温度升高。坑深一般要求1米左右，宽1.5米，长5米以上，挖坑的地方与养殖蚯蚓要求的条件是一致的。

坑挖好以后，先在坑底垫一层10厘米厚的干草，草上加30厘米厚的畜禽混合粪料，粪料要捣碎松散，有条件的地方可在粪料中加一些酒糟渣，含水50％左右。

（3）低温生产　砍掉蚓床周围的一切荫蔽物，让太阳从早到晚都能晒到蚓床上；秋天遗留下来的床料应用逐次加料来增加床的厚度，加料前老床土铲至中央一条，形成长圆锥形，两边加入未发酵

118

的生料，并采取逐次加水让其缓慢发酵。1周后，覆到中央老床土上，蚯蚓开始取食新料后，打平。等新料取食一半后重复上法。

晴天10点钟后把覆盖物减到最薄程度，让太阳能晒到料床上，下午4点钟后再盖上。覆盖物要求下层是10厘米厚的松散稻草或野草，上面用草帘或草袋压紧，再盖薄膜。洒水时，选晴天中午用喷雾器直接喷到料床上，保持覆盖稻草干燥。提取蚯蚓时，做到晴天取室外床，雨天取室内床。

第十章 蚯蚓的疾病防治

在自然界或人工养殖环境中，蚯蚓的病害和天敌较多，如各种食肉的野生动物、鸟类、爬行动物、两栖类，各种节肢动物和其他环节动物以及各种寄生虫，包括绦虫、丝虫、线虫和寄生蝇类和其他病菌，各种鼠类、黄鼬（又叫黄鼠狼）、狸、獾、野猪。尤其各种鼠类如家鼠、田鼠等均非常喜食蚯蚓，并善于打洞，常钻进养殖场所大量取食蚯蚓和饲料，对养殖蚯蚓威胁很大。在野外养殖蚯蚓，许多鸟类喜食蚯蚓，也会造成一定的危害。蛇、蜥蜴和蟾蜍也喜食蚯蚓。

各种节肢动物、昆虫等常危害蚯蚓，尤其是蚂蚁，不仅喜食蚯蚓，而且也取食饲料，在饲养箱或料堆建巢，对幼蚓威胁较大，有时也常常将蚓茧拖入蚁巢中食用。许多蜘蛛、多足动物、陆生软体动物，如蜈蚣、马陆、蜗牛和蛞蝓等也会食取蚯蚓或捕杀蚯蚓。

此外，许多绦虫、线虫的中间宿主为蚯蚓，为完成其生活史必须从蚯蚓体内度过，吸取蚯蚓体内营养，也会对蚯蚓造成危害。

有些寄生蝇类将卵产于蚯蚓体内。据报道有一种寄生性黑蝇，能把卵产于日本异唇蚓的体内，并在蚯蚓体内孵化幼虫，而食取蚯蚓体内的营养，最后引起蚯蚓死亡。还有一些原生动物，如线虫，常寄生于蚯蚓的食管、体腔、血管、各种生殖器官内和蚓茧内，这些都是危害蚯蚓的主要寄生虫。当然还有一些细菌、病毒和微生物也会引起蚯蚓发病，不过较少。

第一节 蚯蚓的病害

在人工饲养条件下，饲养床内酸性化以后，常有白色的线虫以及其他病菌繁殖，影响蚯蚓健康，甚至引起大批蚯蚓死亡。常见的是蚯蚓生殖带红肿，出现念珠状结节，体色变黑，身体缩短，如果在这时把蚯蚓的身体解剖进行观察，可以发现它的消化道有破裂症状，其中的食物腐败而发酸。在这种恶劣的环境条件下，健康的蚯蚓有时会从饲养床内爬出。患病蚯蚓最后必然死亡并由于溶解酸的作用而自溶，在饲养床上竟找不到病蚓留下的尸体。发生这种情况时，蚯蚓的数量会迅速地减少。所以在病害发生之前，要进行预防，防止酸性化，病害发生以后，应及时采取抢救措施，可以从改进饲养床着手，测定并调整酸碱度，耕床以增加空气的通透性，用石灰水来中和酸性，并可适量地撒以养鸡用的抗生素粉，进行消毒灭菌。

通常在解剖蚯蚓并进行仔细观察的时候，还可以在它的体腔里发现某些寄生虫。在蚯蚓的身体里，常可见到的寄生虫有原生动物门的簇虫类，扁形动物门的吸虫类和绦虫类，圆形动物门的线虫类，以及节肢动物门昆虫纲的一些幼虫。虽然除昆虫纲的幼虫以外，大部分寄生虫对蚯蚓的危害不很明显，但蚯蚓会因此而成为传播有关家畜和家禽某些疾病的中间宿主，因为这些病原体暂时停留和贮存在蚯蚓的身体里，等到蚯蚓一旦被家畜和家禽吞入，这些寄生虫就由蚯蚓体内转移到家畜和家禽的体内寄生，所以我们称蚯蚓为这些寄生虫的保虫宿主、贮存宿主或搬运宿主，称这些家畜和家禽为终（末）宿主。通过先寄生在蚯蚓体内的这一环节，使寄生虫得以完成它们的生活周期，从卵、蚴（即幼虫）生长发育为成虫。由于寄生虫的危害，会损害家畜和家禽的健康，甚至引起死亡，所以在用蚯蚓作为饲料喂养家畜和家禽之前，首先要将蚯蚓放在沸水中煮开，把它体内的寄生虫杀死，然后切碎，才能用作饲料，这样就能杜绝由于饲喂蚯蚓而引起家畜和家禽寄生虫病。

根据寄生虫生活史的特点，严格掌握几个环节，加以控制和杀灭，是可以确保养殖蚯蚓的健康和安全的：①对家畜和家禽的粪便要进行严格处理，一般经过堆肥的充分发酵，利用高温可以将寄生虫的卵杀死，可以做到不让蚯蚓吞食含有寄生虫卵的饲料。②人工饲养蚯蚓的场所要远离猪场和鸡场，避免蚯蚓爬到猪场和鸡场的四周，直接吃进带有寄生虫卵的阳性猪粪或禽粪。③对猪场、鸡场和蚯蚓的饲养床要定期检疫并采取灭虫措施，防治寄生虫病要做到治早、治小、治了。

有些蚯蚓病害是因不良环境条件的影响而造成的。蚯蚓最常见的疾病是因饲料酸化引起的。由于蚯蚓食取了大量酸的食物，引起细菌的急剧活动，致使蚯蚓消化管内分泌碱性物质，肠道失去中和能力则发生疾病。在蚯蚓嗉囊和砂囊内将继续发生异常发酵，往往引起蚯蚓蛋白质中毒症或胃酸过多症，其表现为全身出现痉挛状结节，蚯蚓身体变得短粗，环带红肿，全身分泌大量黏液，或在养殖场所爬行或钻入饲料底部不进食，最后蚯蚓变白而死亡。病情严重的蚯蚓还会出现体壁破裂或体节断裂及蚓茧破裂。饲料的酸化还会引起昆虫和病菌的大量滋生，如红色壁虱、白线虫等。因此，在养殖蚯蚓时，必须注意所投喂饲料的氢离子浓度（pH 值），使之调至中性，并在日常饲养管理中随时注意观察蚯蚓和饲料氢离子浓度的变化，这是养殖管理蚯蚓极为重要的环节。简而言之，下列因素均会引起蚯蚓疾病，应予以重视：①饮料酸化引发蚯蚓疾病；②蚓床湿度太大；③饲料 pH 值过高；④线虫、绦虫等畜禽寄生虫危害蚯蚓。

第二节　蚯蚓常见疾病的病因、症状以及防治方法

蚯蚓是一种生命力很强的动物，常年钻在地下吃土，很少发生疾病，只易发几种病，而且这几种病都是人为造成的，都是环境条件或饲料条件不当而造成的"条件病"。只要调整一下环境条件这些疾病就可以解决，几乎不用药物治疗，现介绍如下。

一、饲料中毒症

（一）病因

新加的饲料含有毒素或毒气引发蚯蚓急速中毒。

（二）症状

蚯蚓局部甚至全身急速瘫痪，背部排出黄色体液，大面积死亡。

（三）防治方法

迅速减薄料床，将有毒饲料撤去，在蚯蚓料床的基料中加入蚯蚓粪吸附毒气，让蚯蚓潜入底部休息，慢慢就可以适应了。

二、蛋白质中毒症

（一）病因

这是由于加料时饲料成分搭配不当引起蛋白质中毒。饲料中蛋白质含量不能过高（基料制作时粪料不可超标），因蛋白质饲料在分解时产生的氨气和恶臭气味等有毒气体，会使蚯蚓发生蛋白质中毒；料中含有大量淀粉、碳化水合物，或盐分过高，经细菌作用引起酸化，则会导致蚯蚓胃酸过多。

（二）症状

蚯蚓全身出现痉挛状结节，蚯蚓的蚓体有局部枯焦，一端萎缩或一端肿胀而死，未死的蚯蚓拒绝采食，环带红肿，体表分泌大量黏液，常钻入饲料底部不吃不动，最后全身衰竭，体色变白而死亡。

（三）防治办法

掀开覆盖物，让蚓床通气，向蚓床喷洒苏打水或加入石膏进行中和。发现蛋白质中毒症后，要迅速除去不当饲料，加喷清水，钩松料床或加缓冲液，以期解毒。

三、食盐中毒症

（一）病因

饲料中配入物含盐量超过 1.2%，会引起中毒反应。如直接取用腌菜厂或酱油厂废水、废料会使饵料含盐量超标，幼蚓更容易发生食盐中毒反应。

（二）症状

蚯蚓先是剧烈挣扎，很快会麻痹僵硬，体表无渗透溢出也无肿胀现象，色泽逐渐趋白，且湿润。

（三）防治方法

立即清除基料或饲料，用大量清水冲洗。将中毒的蚯蚓全部浸入清水中，更换清水 1～2 次，待水中的蚯蚓再无挣扎状时，放水取出蚯蚓，放入新鲜基料中保养。

四、胃酸超标症

（一）病因

由于基料或饲料中含有较高淀粉和碳水化合物等营养物质，在细菌的作用下产生饲料酸化，造成蚯蚓体液酸碱度失衡，从而导致表皮黏液代谢紊乱，引起蚯蚓胃酸偏高，使其食管中的石灰腺所分泌出的钙失去对胃酸的固有中和能力，并日趋恶化直至造成胃酸过多症。

（二）症状

表现为拒食，离巢逃逸，约半月，蚓体明显瘦小，无光泽，萎缩，全部停止产卵，严重者出现痉挛状结节、环带红肿、身体变粗变短，全身分泌黏液增多；在饲养床上转圈爬行，或钻到床底不吃不动，最后全身变白死亡；有的病蚓死前出现体节断裂现象。

（三）防治方法

这说明蚯蚓饲料中淀粉、碳水化合物或盐分过多，经细菌作用引起酸化，使蚯蚓出现胃酸超标症。处理方法是掀开覆盖物让蚓床通风，喷洒苏打水或石膏粉等碱性药物中和。

五、缺氧症

（一）病因

（1）粪料未经完全发酵，产生了超量氨、烷等有害气体。

（2）环境过干或过湿，使蚯蚓表皮气孔受阻。

（3）蚓床遮盖过严，空气不通。

（二）症状

蚯蚓体色暗褐无光，体弱，活动迟缓。

（三）防治方法

应及时查明具体原因，加以处理。如将基料撤除，继续发酵，加缓冲带；喷水或排水，使基料土的湿度保持在 $30\% \sim 40\%$，中午暖和时开门窗通风或揭开覆盖物，加装排风扇，这样此症就可得到解决。

六、水肿病

（一）病因

蚓床湿度太大，饲料 pH 值过高所致。

（二）症状

蚯蚓水肿膨大、发呆，蚯蚓拼命向外爬，背孔冒出体液，滞食而死。甚至引起蚓茧破裂，或使新产下的蚓茧两头不能收口而染菌霉烂。

（三）防治方法

这时应减小湿度，把爬到表层的蚯蚓清理到另外的池里。开沟沥水，将爬到表层的蚯蚓清理到新鲜饲料床内。在原饲料中加过磷酸钙粉或醋渣、酒精渣中和酸碱度，过一段时间再试投给蚯蚓。

七、萎缩症

（一）病因

饲料配方不合理，或饲料成分含量单一，导致长期营养不良；或是温度常高于 $28℃$，造成代谢抑制。蚓池较小、较薄，导致遮光性不强，使蚯蚓长期受光，使体内的生化作用紊乱。

（二）症状

表现为蚓体细短，色泽深暗，且反应迟钝，并有拒食现象。

（三）防治方法

加强生态环境的管理，投喂的饲料多样化。将病蚓分散到正常的蚓群中混养，使之恢复正常。

八、细菌性疾病

（一）细菌性败血病

1. 病因

由败血性细菌沙雷铁细菌属灵菌通过蚓体表皮伤口侵入血液，并引起大量繁殖而损伤内脏，导致死亡。它具有较高的传染性，受伤的蚯蚓接触死蚓后即被传染。

2. 症状

蚯蚓表现为呆滞瘫软，食欲不振，继而吐液下痢，伴有水肿，很快发生水解，产生腐臭味。

3. 防治方法

首先清除病蚓，以 200 倍"病虫净"水溶液进行全池喷洒消毒，每周 1 次，2～3 次即可灭菌。其次，以 1000 单位的氯霉素拌入 50 千克的饲料投喂，连喂 3 天。

（二）细菌性肠胃病

1. 病因

此病是由球菌如链球菌在蚓体消化道内增殖引起的一种散发性细菌病。一般在高温多湿的气候下发生。

2. 症状

表现为初期严重拒食，继而钻出基料表面，呈瘫软状，并频繁下痢吐液，3 天左右死亡。

3. 防治方法

将病蚓置于 400 倍的"病虫净"水溶液中，在容器内斜放一木板，让其浸液消毒后爬上木板，凡无力爬上者为染病蚓，应予废除。爬上者即取出投入新的基料中饲养。也可以参照"细菌性败血病"的方法。

九、真菌性疾病

（一）绿僵菌孢病

1. 病因

此病由绿僵菌引起。该菌适应于温度较低的环境，一般在春季和夏季发病，随着春季气温升高，绿僵菌孢子的弹射能力及萌发能力降低，致病力也随之减轻，患病的蚯蚓可以痊愈。但到了秋季就正好相反，蚯蚓一旦感染绿僵菌孢子便会在蚯蚓血液中萌发，生出菌丝，置蚯蚓于死地。因此，此病主要是由于基料灭菌不严引起的，也就是说基料是主要感染源。

2. 症状

初期症状不明显，当发现蚯蚓体表发白时，蚯蚓已停食，几天后便瘫软而死，尸体白而出现干枯萎缩环节，口及肛门处有白色的菌丝伸出，布满尸体表面。

3. 防治方法

首先要清除病蚓，更换养殖池与基料。其次是用 100 倍"病虫净"水溶液喷洒池壁，全面消毒。特别是在春秋季，更要消毒灭菌。一般每隔 10 天以 400 倍"病虫净"水溶液喷洒池壁一次，剂量为每平方米 500～1000 毫升。

（二）白僵菌病

1. 病因

此病由白僵菌感染所致。该菌对群体蚓威胁不大，只是当该菌在生长过程中分泌出毒素时才会导致蚯蚓死亡。

2. 症状

表现为病蚓暴露于表面，体节呈点状坏死，继而蚓体断裂，很快僵硬，逐渐被白色气生菌丝包裹。发病时间为 5～6 天。

3. 防治方法

与绿僵菌孢病相同。

十、寄生虫疾病

蚯蚓的寄生虫病分为两大类：一类是蚓体的寄生虫病，是直接寄生在蚯蚓体，也就是靠蚓体养分生存的寄生虫；另一类是养殖池内或基料的寄生虫病，即虫体只寄生于池内的基料中而伤害蚓体或迫害养殖的生态条件而间接影响蚯蚓生活的寄生虫病。管理得当完全可以防止此病的发生。

(一) 毛细线虫病

1. 病因

由于毛细线虫引起的，此虫体形细如线，表皮薄而透明，头部尖细，尾部较钝圆形，此虫为卵生，卵形如橄榄。此虫原是水族寄生虫，但由于蚓的基料有水草或是投喂生鱼内脏而将毛细线虫卵带入蚓池而使之受感染。该虫进如蚓体后便寄生与肠壁和腹腔内，大量消耗蚓体的营养物质，并引起炎症，导致蚯蚓体瘦小和死亡。

2. 症状

病蚓一直表现为挣扎状翻滚，体节变黑变细，并断为数截而死亡。

3. 防治方法

将该虫卵排出体外后孵出的幼虫用药物杀灭。方法是每周喷洒400倍的"病虫净"一次，直至痊愈，同时，经常更换池底湿度较大的基料，尽量消除适应虫卵高湿孵化的环境。另外，该虫卵在28℃左右的时候才能孵化出幼虫，因此将池内温度控制在25℃左右，能有效防治该虫的扩散。

(二) 绦虫病

1. 病因

由绦虫引起的，绦虫的种类很多，蚯蚓是其中间宿主。此病主要发生在夏季，能引起蚯蚓发病死亡。

2. 症状

表现为肠道发炎坏死，蚯蚓一次性多处断节而亡。

3. 防治方法

以600倍的"病虫净"喷洒养殖池，以杀灭病蚓和基料中的虫体。平日严禁生喂鱼杂。

（三）吸虫囊蚴病

1. 病因

本病是因为扁弯口吸虫的后囊蚴寄生于蚯蚓环带中所引起的。螺、蜗牛、鱼类和蚯蚓是其主要中间寄主。该病分布极广，对鱼类的危害严重。蚯蚓感染主要是管理不当引起的，感染源主要是生鱼杂、蜗牛与鸟类。

2. 症状

该病使蚯蚓环带发炎、坏死，蚓体肌肉充血而死亡。初期表现是蚓环带流黄色脓液，继而肿大。2～3天后开始萎缩坏死，有时环带处断裂，产生全身性的点状充血紫斑，并萎缩而枯死。

3. 防治方法

与绦虫病的防治方法相同，同时还要控制鹭科鸟类等的进入。

（四）双穴吸虫病

1. 病因

此病是由双穴吸虫寄生于蚓体所引起的。致病虫体为湖北双穴吸虫和匙形双穴吸虫的后囊蚴或尾蚴。两种虫的成虫都寄生在水鸟的肠道中，椎实螺是其中间宿主。凡是鱼类与水鸟生存地域均有大量发现。主要是吸食蚯蚓体内的血液，并导致炎症而死亡。

2. 症状

表现为间断性头部挣扎，后期全身发紫，继而变白，白中现紫斑，死亡过程较缓慢。

3. 防治方法

不让水鸟接近蚯蚓，杀灭中间宿主椎实螺。其他的方法与绦虫病防治相同。

（五）黑色眼菌蚊

1. 病因

该菌蚊属双翅目尖眼菌蚊科。身体微小，长2毫米左右，呈灰黑色。该虫夏季为活动高峰期，9月中旬后数量大减。主要危害是咬碎基料，降低气孔率，吃掉微生物使蚯蚓不能爬向表层活动，严重降低产卵率及幼蚓的成活率。

2. 防治方法

以 400 倍的"病虫净"喷洒养殖池表面。应在蚯蚓未爬到表面时喷洒，而且速度要快，只微量地一扫而过，否则对蚯蚓有害。其次可将池内浸水，让其成虫浮起而去除。也可将灯光悬于池边，灯下放一小火炉，成虫趋光飞起被火炉热气熏落火中而死。

(六) 红色瘿蚊

1. 病因

该虫危害作用与黑色眼菌蚊相同，但程度更为严重。体长 0.8～1 毫米，鲜橙色，复眼大而黑。瘿蚊适应性极强，一年四季繁衍。该虫极喜腐熟发酵体，基料是其繁殖生长的良好条件，故 1 周内便可导致整个蚓池一片红，造成上层无一蚯蚓。一旦产生虫害，严重影响蚯蚓的产卵量，也影响蚯蚓的正常进食和活动，破坏整个生态环境，限制蚯蚓的生长。瘿蚊还携带和传播病毒。

2. 防治方法

与"黑色眼菌蚊"的防治相同。

(七) 蚤蝇

1. 病因

因该虫主要大量消耗蚯蚓饲料，严重污染甚至破坏蚯蚓的生态环境。体长约 8 毫米，色灰黑。5～10 月为活动盛期，该虫善跳，趋光性强。幼虫极喜腐败物质，大量吞食酶解营养成分。严重影响和妨碍种蚓产卵及其正常生活，使繁殖率大幅度下降，甚至造成全群覆灭。

2. 防治方法

与"黑色眼菌蚊"的防治相同。

(八) 粉螨

1. 病因

粉螨种类繁多，危害最严重的是腐食酪螨和嗜木螨两种。体圆色白，须肢小而难见。它常以真菌有机分解物为食，对封闭性食用菌菌丝及基料危害极大，故以食用菌废基料作为蚯蚓基料时就会大量繁殖，造成蚯蚓群体逃逸和抑制产卵。

2. 防治方法

用0.05％长效灭蚊剂以细雪状喷洒养殖床表面1～2次，即可全部杀灭。

（九）跳虫

1. 病因

此虫俗名跳跳虫。种类较多，常见的有菇疣跳虫、原跳虫、蓝跳虫、菇跳虫、黑角跳虫、黑扁跳虫等。体长1～1.5毫米，形如跳蚤。多在粪堆、腐尸、食用菌床、糟渣堆等腐殖物上活动。其尾部较尖，具有弹跳能力，弹跳高度2～8厘米。其体表有油质，可浮于水面。幼虫形同成虫，色白，休眠后脱皮而转为银灰色。卵为半透明白球状，产于表层。主要群聚于养殖池表面啃啮基料使其成粉末状。还可直接咬伤蚯蚓致死。

2. 防治方法

与"粉螨"的防治方法相同。

（十）猿叶虫

1. 病因

此虫主要有大猿叶虫和小猿叶虫两种，原是十字花科蔬菜的主要害虫之一。两种猿叶虫形状相近。一般成虫在腐树叶、松土4～8厘米处越冬或潜入15厘米以下腐叶或土中蛰伏夏眠，平日活动频繁。幼虫与成虫一样都有假死习惯，很会迷惑人。主要危害基料及直接伤害蚯蚓或卵。

2. 防治方法

与"跳虫"的防治相同。

第十一章 蚯蚓的采收与运输

第一节 蚯蚓的最佳采收时间

蚯蚓繁殖很快，需要及时采收。蚯蚓有祖孙不同堂的习性，如不及时采收成蚓就会外逃，大小混养还会造成近亲交配，使种蚓退化。所以当成蚓长大，幼蚓已大量孵出时，每平方米约2万条后及时采收，不要延误，否则将给蚯蚓养殖带来多方面影响。在养殖蚯蚓形成规模，进入生产阶段后，幼蚯蚓刚好长大成熟（每条0.3～0.4克，蚯蚓头部出现一个环的时候），就要添加少量的新鲜饲料以提高蛋白质含量让蚯蚓得到催肥，一般再饲养1～5天后就要马上把蚯蚓分离出来进行利用。再养下去，蚯蚓虽然还会生长，但此时的蚯蚓吃得多，长得慢，很不划算。就像养猪一样，猪长到100千克时就要出售，再养下去就不划算。蚯蚓不仅如此，而且在饲料供应不足时，蚯蚓身体还会变小，让人感觉达不到产量。所以，在蚯蚓生产过程中选择最佳的分离利用时期是提高经济效益很重要的一环。

一、补料和清粪

当饲料被蚯蚓吞食一段时间后（约1个月），要及时补充营养丰富的新饲料。不然，养殖的蚯蚓会逃逸，或者逐渐消瘦。因此，及时给蚯蚓补料可以促进蚯蚓生长和繁殖。补料一般在清粪后进行，蚯蚓一般由上而下取食，粪排泄在面上长期堆积，对蚯蚓生长繁殖不利，应及时消除。当面上的蚓粪厚达3～5厘米时，即刮取蚓粪，同时可补充新料。投料数量和换料时间，以蚯蚓的日摄食量为准，大约是蚯蚓体重的 80%。

二、采收时间

夏季每月采收一次，春、秋季节 1 个半月采收一次。在养殖床发现蚯蚓密度达到 2 万～3 万条/米^2，80% 的个体达到 0.3 克以上，可通过收集成蚓来调整养殖密度，以利于扩大繁殖，也就是最佳的采收时间。

第二节　蚯蚓的采收

一、野生蚯蚓的采收

野生蚯蚓在 7～9 月间采收。一般用鲜辣蓼草捣烂，或茶油饼泡水，灌入蚯蚓多的地方，趁它窜出地面时收捕加工成地龙干。

二、养殖场内蚯蚓的采收

收取成蚓可以与补料、除粪结合进行。

（一）筛选法

在筛选装置中装上两层孔眼大小不同的筛子，上层筛孔径 3 毫米为宜，下层筛孔径 1 毫米为宜。将筛选装置置于太阳或日光灯下，最好是紫外线灯和蓝色灯下（因蚯蚓最惧怕紫外线光和蓝色的光），使大蚯蚓钻过筛孔落至细筛上，小蚯蚓再钻入细筛孔落入筛子下面的盛具里，蚓粪则留在大筛上面。这样就可以将大小不同的蚯蚓和蚓粪分离。此方法分选的时间较短，劳动强度小，适于室内操作。

（二）翻箱采收法

此法采用竹篓、木箱、盘之类的养殖器。方法是将养殖器放在太阳或强烈灯光下，迫使蚯蚓钻入箱底，然后将箱倒翻，便蚯蚓暴露在外面，迅速地将底层蚯蚓连同培养土刮下，再进行净化处理。

（三）甜食诱捕法

利用蚯蚓爱吃甜料的特性，在采收前，可在旧饲料表面放置一层蚯蚓喜爱的食物，如腐烂的水果等，经 2～3 天，蚯蚓大量聚集在烂水果里，这时即可将成群的蚯蚓取出，经筛网清理杂质即可。

（四）水驱法

适于田间养殖。在植物收获后，即可灌水驱出蚯蚓；或在雨天早晨，大量蚯蚓爬出地面时，组织力量，突击采收。

（五）红光夜捕法

适于田间养殖。利用蚯蚓在夜间爬到地表采食和活动的习性，在凌晨 3～4 点钟，携带红灯或弱光的电筒，在田间进行采收。

（六）干燥逼驱法

对旧饲料停止洒水，使之比较干燥，然后将旧饲料堆集在中央，在两侧堆放少量温度适宜的新饲料，约经 2 天后蚯蚓都进入新饲料中，这时取走旧饲料，翻倒新料即可捕捉。

（七）笼具采收法

用孔径为 1～4 毫米的笼具，笼中放入蚯蚓爱吃的饲料，将笼具埋入养殖槽或饲料床内，蚯蚓便陆续钻入笼中采食，待集中到一定数量后，再把笼具取出来即可。

（八）药液采收法

用石灰水、茶饼水淋洒蚓床，迫使蚯蚓很快爬出蚓床。用此法采收蚯蚓快而彻底，和水取法一样，只能用于分群养殖进行一次性采收，对于大小混养分批收取的养殖方法则不宜采用。药液浓度要适当，如果太浓则使蚯蚓来不及爬出来就已死在下层，太淡则可连续泼洒，迫使蚯蚓出来。也可以用稀薄的 $KMnO_4$ 溶液淋洒，能够取得同样的效果。

（九）犁耙采收法

此法适于园林养殖、耕地养殖、堆肥和坑式分段养殖。犁耕时将蚯蚓翻到表层，拾取即可。

134

（十）坑床剥离法

采用浅坑养殖法，可直接在养殖坑内进行提取。如大小蚯蚓混养时需先将上层含卵蚓粪分开，然后将料均匀翻松到一边，蚯蚓便会渐渐往下钻，然后一层一层地将料床上的料刮到一边，如果有多个养殖坑，即可一个坑一个坑地交替着剥离，这样可以大大提高劳动效率。一个劳动力一天可完成 40 米^2 的采收工作，可收取 100 千克蚯蚓粪，将拨到一边的床土摊平。如果是大小混养的，需留下适当的后备蚯蚓，做好加料、洒水覆盖工作，天气好再过大半个月又可以提取。这种采收方法的优点是能够直接在养殖坑内完成提取蚯蚓的全部工序，因而提高了劳动效率；缺点是如果大小混养则不易取大留小，三群分养的用此法最好。另外，蚓床湿度太大或是下雨天时则不便提取，应注意在提取蚯蚓的前几天不要洒水和避开雨天。

第三节 蚯蚓的运输

一、商品蚯蚓的包装运输

（一）干运法

以膨胀珍珠岩作为栖息载体。将膨胀珍珠岩加温干燥后浸入营养液中，使其吸附一定营养物质和水分，就可作为营养载体。

方法：先将长效增氧剂密封于塑料袋中，并在袋一面钻若干针孔，以供吸水、放氧之用。将其放在漏水的装运容器底部，有孔面向上。然后，将膨胀珍珠岩营养载体与软质塑泡沫碎片拌匀倒入装运容器内，在容器上部留出 20 厘米空间。向容器内均匀喷洒水，约 30 分钟后，如容器底部积蓄约 5 厘米的水，即可投入商品活蚓。投蚓量可按每立方米 40 万～60 万条计算（视气温高低而定）。

（二）水运法

因蚯蚓在水里能生活一段时间，因此水运法是一种将商品蚓贮于清水中进行运输的一种可靠方法。关键在于水质问题。将消毒的自来水盛于容器中露一晚，使其释放所有氯离子。然后，按0.0025%的浓度投入长效增氧剂，随即按每立方米水体60～100千克的比例投入商品蚯蚓。最后调节水位至容器口沿下30厘米处即可封盖托运。此方法一般可贮运10～15天，但必须每天换入增氧水30%以上。或是用木桶、干净的塑料桶或装鱼苗用的帆布桶、氧气袋盛以相当蚯蚓体重10倍的无污清水，水体高度不超过60厘米。此法运输可保证蚯蚓在10小时内不会出现死亡。

（三）小袋运输法

通常采用的办法是，将250～500克（500～1000条）活蚯蚓，连同7倍于蚯蚓重量的饲料，一起装入有许多小孔（孔径不超过2毫米）的塑料袋中，袋用细绳扎好，然后放进用厚纸板制成的蚯蚓盒内，蚯蚓盒的容积至少要比袋装蚯蚓的体积大1/6以上。包装的蚯蚓饲料用发酵完好、没有臭气、营养丰富的猪、牛粪加水果下脚料，饲料含水量为75%左右，保存温度不得超过25℃。这种包装方法可使袋内全部蚯蚓存活50天左右。

（四）组装运输法

一般采用养殖箱运输。用木箱、柳条筐或竹篾筐，规格以0.8米×0.5米×0.3米合适。将蚯蚓装至最大密度（每平方米5万条左右），清理出蚯蚓粪与原基料，放置相当于蚯蚓体重2倍的新加工好的饲料。装箱时要保证留一半的空隙，保证湿度不超过70%，温度不超过27℃，2～3天内不会出问题。如果短途运输，用麻袋包装也可以，但每袋之间要有支架，每袋蚯蚓不能超过15千克，总重约50千克。

二、蚯蚓蚓茧的包装运输

蚓茧的运输相对于成蚓来说要容易得多，成活率也较高，成本也低些。但若是包装不当，以及运输距离较远，幼蚓就会在运输途中孵出，增加了运输难度。目前常用的运输方法有菌化牛粪基料混合装运法和膨胀珍珠岩基料装运法。

（一）菌化牛粪基料混合装运法

将菌种拌入发酵好的牛粪中，铺在地上 18 厘米厚，用旧纸盖上，保持发菌所需湿度，待 1 周后若牛粪表面布满一层白霜状菌丝后，即发酵好。然后将菌化的牛粪轻弄碎，喷雾状清水，边喷水边搅拌，使牛粪中的水分达到 45%。将采收、待运的蚓茧，按牛粪重量的 50%～60% 均匀拌入菌化处理的牛粪中，随即装入塑料袋中，扎上袋口，并用针扎好通气孔，装箱即可安全运输。

（二）膨胀珍珠岩基料装运法

膨胀珍珠岩为白色中性无机粒状材料，具有质轻、无毒、阻燃、抗菌、无味、保温、耐腐蚀、吸水性小等优点。将膨胀珍珠岩作为蚓茧的运输基料，可使基料内部有较好的温、湿、气等环境。在运输时，只要将膨胀珍珠岩浸泡在营养液中，使其充分吸收营养液后，即可作为运输蚓茧的理想材料。

将待运的蚓茧，按膨胀珍珠岩营养基料体积的 60% 均匀地拌入膨胀珍珠岩营养基料中，拌入蚓茧的数量，应根据气温的高低和运输距离的远近来确定，若温度高而运输路途远，则拌入的蚓茧应少；反之，则可多拌些。拌好后即装入聚乙烯塑料袋中，扎上袋口，再用针在袋上扎几十个针孔，以利于透气。最后将袋装入木箱中，周围铺垫湿草等蓬松的填充物，以减少袋体在运输途中的震动，还可增加箱内湿度。箱内要预留出 1/4 的空间，固定好箱盖后，即可安全运输。

三、种蚓的包装运输

种蚓一般是经过专门纯化杂交而优选出来的父母代，其质量好，售价要比商品蚯蚓高。运输过程中蚯蚓耗氧量比较大，对湿度以及基料中的含水量要求也较高，透气性要好。因此，应保证其安全到达目的地。

种蚓的装运最好采用原巢装运，即将所生产原种蚯蚓的基料直接包装运输。此方法简便，但每箱不宜装太多，一般以原生产时的高度为宜，若运输距离较远，运输时间长，则应中途喷洒清水，或是直接注入营养液。

种蚓包装箱装车时应注意摆放在比较通风的位置，应按"品"字形码放，各层箱的间距不得低于 18 厘米，注意不可盖得太严，以防透气不畅，更不要装在距发动机较近的高温处，并注意遮光挡雨。

四、高温季节贮运

蚯蚓对高温极其敏感，当气温达到 28℃时就会寻求低温处。因此，在夏季贮运蚯蚓，安全措施很重要。蚯蚓自身具有一种溶解酶，一旦发生蚯蚓死亡，这种溶解酶会立即从蚓尸上大量产生，致使蚓尸完全溶解而发出奇臭气味，从而造成极大的环境空间污染。

（一）高温季节的运输

高温季节，蚯蚓蚓茧在运输中会产生黄霉菌和水霉菌的寄生、繁殖及腐败细菌危害。霉菌的产生主要是高温高湿引发的。因此，除了按照常温季节贮运载体的方法外，还要减小密度，包装箱要薄，箱的透气孔多一些，也可在箱内放置几支可与箱外通气的换气筒，在载体中混入一些刨花等。如气温在 35℃以上时，必须带冰运输，以使箱内温度低于 25℃。

（二）寒冷季节贮运

冬季贮运蚯蚓是比较安全的。但要保持载体内温度在 0℃以上，不使载体冰冻即可。但蚓茧不同，务必要采取特殊包装方法。蚓茧的包装运输一般以原基料载体为主要贮运载体。如向南方运输，可直接用原有基料载体或菌化牛粪进行包装运输；如向北方运输，必须组合运输用载体进行贮运。下面介绍两种可发热御寒的贮运载体。

1. 鲜牛粪混合载体装运

将风干的鲜牛粪和菌化牛粪各取一半混匀后，分多层包裹蚓茧，使之组合成球团，然后取部分鲜牛粪将球团包裹一层，再包上一层保温薄膜即可装箱托运。也可将麦麸与5倍的鲜牛粪混匀后分多层包裹蚯蚓，使之组合成球团，然后以原基料载体为垫层，将包裹好的球团放于木箱中央，周围填满基料即可装运。另外，还可将刚筛出的黄粉虫干粪粒拌入3倍的鲜牛粪中反复揉搓，压成饼状，铺于保温薄膜上。然后将蚓茧与原载体放置该饼正中，将蚓茧包裹成球状后，连同保温薄膜一起置于木箱中包严、钉箱即可托运。

2. 鲜禽粪混合载体装运

这是将鲜禽粪进行高氯消毒后风干至含水率40%左右，与原基料混合成装运载体，或与菌化牛粪混合成装运载体的方法。可将消过毒、具有团状的鸡、鸽等鲜禽粪裹上一层麦麸，拌入等量的原基料载体后，分层包裹蚓卵成一球团，然后以塑料薄膜包严装箱即可。也可将净化的鲜禽粪与等量的菌化牛粪混合后压成若干厚约2厘米的薄饼状，然后在每一薄饼铺上一层蚓茧，并将所有薄饼叠起，高度约等于薄饼的直径。最后以硬泡沫塑料板作保温内衬装箱钉盖。另外，还可采用含水率约为60%的食用菌废基料加5%的麦麸拌成的贮运载体进行装运。

第十二章　蚯蚓的加工和利用

第一节　蚯蚓的消毒及加工方法

一、蚯蚓的消毒

采收来的蚯蚓不管是作为饲料、加工成营养丰富美味可口的人类食品，还是从其体内提取氨基酸、蚓激酶或是地龙素等，必须先对蚯蚓进行消毒灭菌处理，以免积累在蚯蚓体内的重金属或是其他化学物质对饲养的禽畜、鱼类及人类身体等造成危害。在对活体蚯蚓进行消毒处理时不但不能损伤蚯蚓机体，还要达到消毒灭菌的效果。活体蚯蚓的消毒方法有紫外线消毒法、药物消毒法和电子消毒法。

（1）紫外线消毒法　是用紫外线灯对活体蚯蚓进行照射消毒灭菌。此方法消毒范围小，只适合小规模养殖的家庭养殖户应用。

（2）药物消毒法　药物消毒一般采用高锰酸钾稀释溶液进行消毒。先将活体蚯蚓在清水中漂洗 1～3 次，以清洗掉蚯蚓身体上的黏液或是污物，然后将蚯蚓浸入高锰酸钾 5000 倍稀释溶液中 3～5 分钟捞起直接投喂。或是将 0.4％的磷酸酯晶体倒入 4000 毫升饱和硫酸铝钾即明矾水溶液中，均匀搅拌，等溶液清澈后再将清洗干净后的蚯蚓浸入其中 2 分钟左右，当溶液中有大量絮状物时捞出蚯蚓可直接投喂鱼、虾等水产动物，还可起到驱杀鱼类等寄生虫的效果。但是这个方法不能用于家畜禽类，以免多吃后中毒。

（3）电子消毒法　是用电子消毒器使用臭氧进行消毒的一种方法。其采用空气强制对流氧气，弥漫扩散性循环消毒，优点是对各种病毒、病菌有快速灭杀作用；因不需增加任何药物，所以无任何残毒遗留；还可以彻底杀灭蚯蚓体内外的各种病毒、病菌等，且不伤到蚯蚓。此方法比用化学药物消毒快 10 倍以上。步骤如下：将洗干净的活体蚯蚓按 5 千克左右的量装入用铁纱网制成的高于 10 厘米的盒子内（盒子的大小根据消毒器容量的大小制作），然后将装有蚯蚓的盒子依次码入装有电子消毒器的密封柜中，开启消毒器开关，1 小时即可完成蚯蚓的消毒。

二、加工方法

通过一些特殊的方法，从蚓体内提取各种药物和生化制品，如氨基酸、蚓激酶、地龙素等；也可以加工成许多美味可口、营养丰富的食品，如加工成蚯蚓蛋糕、蚯蚓面包、炖蚯蚓、蚯蚓干酪和蘑菇蚯蚓等。无论将蚯蚓作为饲料、饵料还是食品，都要特别注意有害物质如重金属或其他化学物质在蚯蚓体内的积累，否则对饲养的禽畜、鱼类等和人类身体造成危害。

从蚯蚓体内提取的各种氨基酸和各种酶类，是一类极好的化妆品原料，由蚓体提取物制成的化妆品橘油蚯蚓霜有促进皮肤新陈代谢、防止皮肤老化、增强其弹性、延缓衰老的功效。蚯蚓的体腔液中还含有多种蛋白水解酶和纤溶酶，对蛋白质的分解有较强的活性。蚯蚓的浸出液对久治不愈的慢性溃疡和烫伤都有一定的疗效。

收获生产的蚯蚓及蚓粪进行加工处理，因其用途和目的不同也就有不同的处理加工方法。下面具体介绍几种。

（一）鲜蚯蚓

收获的蚯蚓不仅可直接喂养猪、鸡、鸭、兔、虾、鳖、牛蛙等，而且还可作为人类食品。近几年来，在一些经济发达的国家和地区，如西欧和美国等，从营养和保健的角度出发，吃蚯蚓成了时髦的事。在我国台湾和浙江一带，也有蚯蚓食品和蚯蚓菜谱。蚯蚓的烹调以蒸、炒、炸、煎为主，红烧蚯蚓味道鲜美，胜过海鲜。还可加工成蚯蚓蛋糕、蚯蚓面包、蚯蚓干酪等。

（二）地龙干

将蚯蚓用温水泡，洗去其体表黏液，再拌入草木灰中呛死。去灰后，用剪刀剖开蚯蚓身体，洗去内脏与泥土，贴在竹片或木板上晒干或烘干。为了提高蚯蚓的临床疗效，改变作用部位和趋向使患者乐于服用，常用炒、酒制、滑石粉制等处理以达到上述效果。

1. 炒地龙

取干净地龙段，放置锅内，用文火加热，翻炒，炒至表面色泽变深时，取出放凉，备用。

2. 酒地龙

取干净地龙段，加入黄酒抹匀，放置锅内，用文火加热炒至表面呈棕色时，取出，放凉，备用。

3. 滑石粉制地龙

取滑石粉置锅内中火加热，投入干净地龙段，拌炒至鼓起，取出，筛去滑石粉，放凉，备用。

4. 甘草水制地龙

取甘草置于锅中，加水煎成浓汤，后放入干净地龙段，浸泡2小时捞出，晒干，备用。

加工好的地龙干应贮藏在干燥容器内，置通风干燥处，防霉、防蛀。

（三）蚯蚓粉

将鲜蚯蚓冲洗干净后，烘干、粉碎，即可得蚯蚓粉。

蚯蚓粉的加工处理：收获大量蚯蚓产品后，除可直接使用鲜活的蚯蚓喂养鱼、虾、鸡、鸭等外，还可将收获的蚯蚓产品烘干或冷冻干燥，但不能直接放在太阳下暴晒，因为紫外线会破坏蚯蚓的营养成分。烘干后的蚯蚓可放入粉碎机或研磨机中粉碎、研磨，加工成粉状，也可以用冷冻干燥机在低温真空下把蚯蚓体内水分蒸发掉而获得蚯蚓的干体，利用这种冷冻干燥的方法加工成粉末其营养成分保持不变。这种蚯蚓粉也可直接喂养禽畜和鱼、虾、鳖、水貂等，也可以与其他饲料混合，加工成复合颗粒饲料，也可以较长时间地保存和运输。

（四）蚯蚓浸出液

取鲜蚯蚓 1 千克，放入清水中，排净蚯蚓消化道中的粪土，并洗去蚯蚓体表的污物，放入干净的容器中，再加入 250 克白糖，搅拌均匀，经 1～2 小时后，即可得到 700 毫升蚯蚓体腔的渗出液，然后用纱布过滤。所得滤液呈深咖啡色，再经高压高温消毒，可置于冰箱内长期贮存备用。

（五）蚓激酶的提取

蚯蚓的蚓激酶也称为血栓溶解酶和纤溶酶，其能使蚯蚓溶解，不仅对中风后遗症、高血压、心脏循环障碍、急性缺血性中风、动脉硬化和高血黏综合征有治疗作用，而且具有改善循环、抗骨质增生、抗凝血、抑制血小板聚集、促进血液流畅等作用，同时还可以降低心脑血管疾患的发病率并预防血栓的形成，对癌症患者也有一定的治疗作用，尤其对食管瘤有抑制效果，特别是对老年人防病、增强身体各器官功能有一定的辅助效果。此外，在美容保健方面也有一定的效果，目前我国对蚯蚓口服液、药酒、胶囊和护肤化妆品都有较高水平的研究。

目前，国际上都在致力于对蚓激酶的提取工作，比较常用的是分子生物学的分离方法。

（1）蚯蚓去泥，用水冲洗干净→打浆抽滤→加 $(NH_4)_3SO_4$ 饱和溶液→超速离心 10 分钟→取上清液→用递增浓度的酒精或丙酮分段提取→真空干燥→酶制剂。

（2）用递增浓度的酒精或丙酮分段提取，最后超速离心，除去不溶物，真空干燥，得蚓激酶。

（3）取人工养殖的大平 2 号蚯蚓放入清水中浸泡 1 小时使其内脏中的污物尽量排出，然后经过生化方法提取纤溶酶，用于生产新型溶栓药物。

（六）蚓粪

刚采收的蚓粪大多含有水分和其他杂质，必须经过干燥、过筛、包装以及贮存等过程。蚯蚓粪的干燥有自然风干和人工干燥两种方法。自然风干即把收集来的蚯蚓粪放在通风较好的地方进行晾晒，通风干燥。人工干燥，大多采用红外线烘烤的方法除去蚯蚓粪中的水分，速度较快，并能杀死细菌。将干燥的蚯蚓粪过筛，清除其他杂物，封入塑料袋中包装即可。

蚯蚓粪的用途很广，一方面蚯蚓粪是优质高效的有机肥，另一方面它也是一种能促进畜禽生长的饲料。

三、地龙干的性状

(一) 广地龙

呈长条状薄片，弯曲，边缘略卷，长 15～20 厘米，宽 1～2 厘米。全体有环节，背部棕褐色至紫灰色，腹部浅黄棕色；第 14～16 环节为生殖带，习称"白颈"，较光亮。体前端稍尖，尾端钝圆，刚毛圈粗糙而硬，色稍浅。雄性生殖孔在第 18 节腹侧刚毛圈一小孔突上，外缘有数圈环绕的浅皮褶，内侧刚毛圈隆起，前后两边有横排（一排或二排）小乳突，每边 10～20 个不等。受精囊孔 2 对，位于 7/8～8/9 环节间一椭圆形突起上。体轻，略呈革质，不易折断，气腥味微咸。

(二) 土地龙

长 8～15 厘米，宽 0.5～1.5 厘米。全体有环节，背部棕褐色至黄褐色，腹部浅黄棕色；受精囊孔 3 对，在 6/7～8/9 节间。第 14～第 16 节为生殖带，较光亮。第 18 节有三对雄性生殖孔。通常环毛蚓的雄交配腔能全部翻出，呈花菜状或阴茎状，威廉环毛蚓的雄交配腔孔呈纵向裂缝状；栉盲环毛蚓的雄性生殖孔内侧有 1 个或多个小乳突。

四、贮存

将石灰放入缸或是玻璃瓶内，将地龙干地用密封袋装好，然后整齐地放在石灰上，加盖，置于干燥处即可。或是将 95% 酒精装于玻璃瓶内，瓶口用一层干净纱布扎紧，酒精用量一般为 20 毫升/

千克地龙干左右。放于罐底部，再将需要贮存的地龙干装入罐内，盖严即可防虫。并定期检查，以防发霉和虫蛀，若发现地龙干生虫，可将其置于阳光下，直接将虫及虫卵晒死。若在光照减少和光照较弱的季节，阳光已杀不死虫及虫卵，可用滑石粉烫制。

第二节　蚯蚓的利用

一、蚯蚓中次生代谢物的药用

从蚯蚓中分离出的一种胍类，科学家已证明其具有抑制小鼠自发性乳瘤生长的作用。研究表明，乙烯基团的存在及其长度对胍类的抗肿瘤作用具有重要意义，抗肿瘤活性的作用点位于胍乙基团。不同给药途径影响抗肿瘤作用，皮下注射时的作用强于口服给药。

二、蚯蚓中氨基酸和硒的药用

通过现代生物技术，可从蚯蚓中提取具有一定抗癌作用的药品、溶解血栓的药品、富含 17 种氨基酸的高级营养保健品、治疗烧伤烫伤的外用药。蚯蚓含有十分丰富的营养成分，其干体含纯蛋白质约 70％，且蛋白质质量优良，含有 17 种氨基酸，为其他食物所少有。蚯蚓含硒量高，在每天的膳食中添加 10 克左右的蚯蚓干粉，可满足人体对必需微量元素硒的正常需要。

三、蚯蚓中各种酶及其提取物的药用

学者们研究发现，蚯蚓的各种酶类含量较高，如纤维蛋白溶解酶（纤溶酶）、纤维蛋白溶解酶原激活酶（纤溶酶激酶）、超氧化物歧化酶、过氧化氢酶、纤维素酶和胶原酶。此外，国内对蚯蚓活性蛋白的纯化也有诸多研究。对赤子爱胜蚓抗肿瘤活性蛋白组分的纤溶酶和纤溶酶激酶活性进行分析，发现具有较强癌细胞杀伤活性的蚯蚓提取物不仅同时含有纤溶酶和纤溶酶激酶，而且根据丝氨酸蛋白酶抑制剂实验发现相关酶类是该细胞杀伤活性的必要成分。蚯蚓提取物不仅具有抗肿瘤作用，对放疗、化疗和热疗也有增效作用，其作用机理可能与增强机体免疫功能及自由基有关。蚓激酶即蚯蚓纤溶酶，是一组从蚯蚓体内分离出的具有抗凝血作用的蛋白酶，是一类复杂的蛋白酶，其复杂性表现在组分多样性、结构多样性、酶学特性多样性几个方面。同一种蚯蚓体内能分离出至少2种以上具有抗凝活性但是分子量和生化特征不相同的蛋白酶。利用蚯蚓提取蛋白酶获得了成功，此药可代替尿激酶，是治疗心肌梗死、脑血栓的特效药。

四、地龙的临床应用

（一）小儿外感咳嗽

（1）地龙、露蜂房各6克，全瓜蒌20克，象贝母、炒黄芩、葶苈子（包煎）、炙款冬花各10克，车前子（包煎）、鲜芦根、金银花各30克。水煎45分钟，每1剂取药汁约100毫升，分上、下午2次温服。

（2）地龙20克，百部、款冬花、北杏仁、紫菀各15克，川贝母、荆芥、桔梗、白前、陈皮各10克，甘草5克，小儿药量酌减。咳痰黄稠加黄芩、鱼腥草、瓜蒌皮；痰白量多加法半夏、川厚朴、白芥子；外感未除加防风、蝉蜕；体虚加党参、太子参、山药；热邪伤阴加玄参、麦冬、天花粉。每日1剂，水煎2次分服，1周为1个疗程。期间忌食煎炸、刺激、生冷食物。

（二）支气管哮喘及慢性支气管炎

（1）地龙15克，麻黄15克，杏仁10克，石膏10克。水煎服，早晚2次分服。用于热哮症。稠痰变稀，口苦咽干减轻后，用地龙干研细末，每次3克，每日口服3次。

（2）广地龙10克，杏仁6克，冬桑叶10克，桔梗3克，川贝母5克，前胡10克，蝉蜕6克，僵蚕5克，桑白皮10克，远志3克。用于小儿变异性哮喘。痰多色黄者，加浙贝母、鱼腥草；咽痛者，加射干、南沙参；咽痒者，加牛蒡子、薄荷；便结者，加莱菔子；苔腻者，加茯苓、川厚朴。

（3）广地龙15克，丹参、一枝黄花各30克，川芎、当归、赤芍各10克。属寒喘者加紫苏梗、麻黄、干姜；热喘者加石膏、杏仁、桑白皮。水煎服，每日1剂。

（4）地龙30克，麻黄、光杏、浙贝母、丹参、川厚朴、紫苏子、炙桑白皮各10克，白果10枚，甘草3克。辨证加减，喘甚加葶苈子15～30克，哮甚加白芥子10克、莱菔子10克、鹅管石15克，顽痰胶固加皂荚子3克。

（三）老年2型糖尿病

地龙、制大黄、泽兰、黄芩各10克，黄连3克，血竭1克（研末冲服），桑白皮、桑寄生各15克。水煎服，每日1剂，早晚分服。渴重者加沙参、天花粉；饥重者加生地黄；尿多者加桑螵蛸；聚湿水肿者加茯苓、泽泻、党参；气滞血瘀肝脏肿大者加桃仁、鳖甲、丹参；血脂过高者加葛根、山楂、何首乌；心悸失眠者加酸枣仁、阿胶；视力减退、眼底出血者加夜明砂、谷精草、枸杞子、女贞子、墨旱莲、太子参；冠心病者加瓜蒌、薤白、半夏；高血压者加杜仲、牛膝、石决明；血糖不降者加苍术、玄参；尿糖不降者加黄芪；气短、纳差、便溏者加白术、葛根、木香；大便燥者加玄参。

（四）眼底出血

（1）出血初期（10天内）　地龙15克，三七12克，血竭10克，赤芍10克，白及6克，当归10克，栀子、侧柏炭、仙鹤草各10克。加水500毫升，煎沸煨制250毫升内服。

（2）出血中期（10～30天）　地龙15克，三七12克，血竭10克，赤芍10克，白及6克，当归10克，女贞子、阿胶（烊化冲服）、化橘红各10克。水煎服。

（3）出血后期（30天以上）

① 血热妄行型　地龙15克，三七12克，血竭10克，赤芍10克，白及6克，当归10克，犀牛角粉3克（烊化冲服），生地黄10克，仙鹤草10克，泽泻9克。水煎服。

②气滞血瘀型　地龙15克，三七12克，血竭10克，赤芍10克，白及6克，当归10克，柴胡、牡丹皮、栀子炭各10克，半夏8克，木香6克。水煎服。

③肝肾阴虚型　地龙15克，三七12克，血竭10克，赤芍10克，白及6克，当归10克，生地黄、女贞子、墨旱莲各10克，五加皮9克，木贼草9克。水煎服。

（五）缺血性中风

（1）广地龙20克，桃仁15克，川芎15克，黄芪30克，僵蚕15克。每日1剂，分2次水煎口服，1个月为1个疗程。

（2）地龙30克，蝉蜕20克，半夏、僵蚕、桃仁各10克，陈皮、胆南星各6克，蝎尾3～5克，石菖蒲9～15克，泽兰15克。伴阳明腑实证加大黄6～15克，川黄连5～10克，瓜蒌15～30克；伴肝阳上亢证加天麻10克，钩藤30克，怀牛膝15克；伴有阴虚者加龟甲15克，女贞子15克；伴有神识昏蒙、中脏腑者，加用清开灵注射液20毫升静脉滴注。以上药水煎口服，并配合丹参注射液治疗。每日1次。

（3）水蛭4克，炒地龙12克，玄参12克，夜交藤20克，赤芍15克，鸡血藤12克，枳壳10克。水煎口服或鼻饲，每日1剂。肢体硬瘫者加天麻10克，钩藤20克；肢体软瘫者加黄芪15～20克，熟地黄30克，炒桃仁10克，红花10克；语言謇涩或失语者，加石菖蒲12克，胆南星12克，远志12克；大便干燥者加大黄6～12克，川厚朴10克。水煎服，并配合静脉快速滴注20%的甘露醇，静滴清开灵注射液。

（六）男性不育症

地龙粉，每次5克，每日2～3次，1个月为1个疗程，共服1～3个疗程。

（七）急性前列腺炎

活地龙50克，洗净装碗，加入30克白糖，30分钟后将渗出的地龙液1次服完，每日1次，一般服2～5次即愈。

（八）慢性肾功能衰竭

用新鲜地龙若干条和白糖按比例搅拌出液体即成。每次 20 毫升，每日 3 次，饭前口服，8 周为 1 个疗程。

（九）血栓闭塞性脉管炎

取较大的活地龙 10 条，用水洗净后置于杯中，加白糖 60 克，轻轻搅拌，放置 24 小时后，制成黄色地龙浸出液备用。用棉签将地龙液搽于发黑的皮损表面，每日 5～6 次，10 天为 1 个疗程。

（十）带状疱疹

（1）地龙 15 克，紫花地丁 15 克，蒲公英 15 克，金银花 20 克，研末，香油调匀呈糊状，敷患处（鲜品每味 30 克），每日 1～2 次。

（2）取较大的活地龙 10 条，用水洗净后置于杯中，加白糖 60 克，轻轻搅拌，放置 24 小时后，制成黄色地龙浸出液备用。用毛笔将浸出液均涂在疱疹表面，每日更换 4 次，1 周为 1 个疗程。

（十一）红斑性皮肤病

（1）多形性红斑　地龙 15 克，肉桂 5 克，当归 10 克，独活 10 克，黄柏 6 克，甘草 6 克，羌活、桃仁、云苓各 10 克。水煎服。

（2）红斑肢痛症　地龙 15 克，苍术、黄柏、玄参各 12 克，牛膝 10 克，薏苡仁 15 克，桃仁 10 克，蝉蜕 6 克。水煎服。

（3）红斑型药疹　鲜蚯蚓与白糖混合，取其清液外敷。

（十二）丹毒

取鲜蚯蚓 100 克，清水洗净，加白糖 300 克，放入带盖瓶中，将其置于阴凉处保存，不久鲜地龙与白糖发酵成糊状。先将丹毒患处常规消毒，然后用消毒棉棒蘸备好的鲜地龙白糖浆外敷患处，上面盖上一层消毒纱布，再覆盖一层塑料薄膜，最后用绷带包扎好，每日更换 1 次。

（十三）腮腺炎

柴胡 6～9 克，黄芩 9～15 克，牡丹皮 6～10 克，板蓝根 12～

24 克，金银花 15～30 克，连翘 9～12 克，野菊花 8～15 克，青蒿 9～12 克，浙贝母、陈皮各 6～9 克，桔梗 9 克，生甘草 15 克。伴高热者加石膏 15～30 克；大便秘结者加大黄 6～9 克。水煎服，每日 1 剂。外用活蚯蚓 5 条，鲜侧柏叶 30 克，共捣如泥，外敷于肿大的腮腺表面，每日换药 2 次。

(十四) 急性皮肤痈肿疼痛

取新鲜地龙，大者为佳，剖开洗净泥土，剪成片段（长度视病情而定），立即贴敷皮肤痈肿处，用纱布敷盖，并固定。

(十五) 顽固性头痛

川芎 20 克，地龙 6 克，大火煎 10 分钟，分 2 次口服，饭后服 1 份，6 小时后再服第 2 份。

(十六) 偏头痛

（1）地龙 12 克，全蝎 3 克，天麻、僵蚕、钩藤、白蒺藜各 12 克，白芷 10 克，川芎 6 克，丹参 15 克。阴虚阳亢者加知母、生地黄、黄柏、山茱萸、女贞子、墨旱莲；肝阳上亢者加黄芩、石决明、怀牛膝、白芍、杭菊；痰湿中阻者，加法半夏、白术、陈皮、茯苓、苍术；痰阻经络者加红花、赤芍、桃仁、牡丹皮。水煎服。

（2）地龙 15 克，苏木、桃仁、川芎、当归各 12 克，桂枝、麻黄、黄柏各 6 克，生甘草 3 克，细辛 6 克。水煎服。

(十七) 暴发性嗜酸性粒细胞增多症

贯众 15 克，地龙 9 克，甘草 3 克。每日 1 剂，水煎 200 毫升。气喘严重者加用泼尼松 5 毫克，每日口服 3～4 次。

(十八) 脱肛

取活地龙 50 克，清水洗净，并在清水中浸泡 20 分钟，待其吐尽腹中残物后，冲洗后放入玻璃杯中，加入白糖 50 克，待地龙溶解后，用镊子取出地龙残体，取鲜液即成。用温水洗净脱出的肛肠及周围组织，用棉球蘸地龙鲜液轻轻涂抹 3 分钟，可见脱出的肛肠自行缓缓复纳。这时病人肛肠内外有灼热和疼痛感，1 小时后自然缓解。第2天排便前，在肛门四周再涂抹地龙鲜液1次即可。

（十九）化脓性中耳炎

（1）地龙30条，洗净后浸泡，待其排尽残物后加白糖20克，放置半月后，取黄色黏液备用。然后用3％双氧水洗去中耳内脓性内泌物，再将地龙白糖液滴入，每日3～4次，每次2～3滴即可。

（2）取筷头粗的白颈鲜蚯蚓3条，洗净，放入玻璃杯或瓷碗中，加入3克食盐并封盖，待蚯蚓溶化成液体后，取其液体备用。然后用双氧水洗净外耳道后，将液体滴入耳中，滴满为止，每天4次，每次滴后静候10分钟，然后将头侧向一面，患侧向下，让水流出即可。

（二十）产后尿潴留

取鲜蚯蚓50克，清水洗净，捣烂，纱布包煎，取汁400毫升，加红糖适量，每次口服200毫升即可。

（二十一）过敏性阴茎水肿、小儿阴肿

取白颈鲜蚯蚓3条，洗净内脏及泥沙，置于玻璃杯中，加白糖50克，待溶化取液涂搽患处，每日2～3次。

（二十二）蛔虫性肠梗阻

用鲜蚯蚓500克，煎汤频服，数小时后即解出蛔虫。

（二十三）创伤性溃疡

先用1％新洁尔灭棉球擦洗创面，然后用凉开水将鲜蚯蚓洗净并去除内脏及泥沙，然后捣烂，用无菌棉棒将捣烂的鲜蚯蚓均匀涂在创面上，覆盖凡士林纱布后包扎。开始每天涂鲜地龙换药1次，3～5次后，根据创面肉芽生长情况每天或隔天换药1次，即痊愈。

（二十四）浅表性静脉炎

生大黄30克，地龙20克，赤芍、冰片、玄参、甘草各10克，珍珠粉6克，于500毫升75％的医用酒精中浸泡3天，即成复方大黄地龙酊。用药液浸湿无菌敷料后外敷患处，每天2次，每次30分钟，6天为1个疗程。

(二十五)风湿性关节炎

地龙 40 克，鸡血藤 30 克，熟地黄 20 克，穿山甲、当归、天麻、威灵仙、防风、桑枝、桂枝、川乌各 10 克，络石藤、忍冬藤各 15 克，白芍 20 克，甘草 6 克。水煎服，煮沸后文火久煎。每日 1 剂，10 天为 1 个疗程。伴气虚者加白参、黄芪各 15 克；湿甚者加苍术 10 克，薏苡仁、防己各 15 克；肝肾亏虚者加桑寄生 25 克；血瘀者加川乌 6 克，牛膝 10 克。

(二十六)颈椎病

葛根、地龙、续断、骨碎补、丹参、炮穿山甲、三棱、莪术、鸡血藤、何首乌、甘草。偏寒者加细辛、桂枝；体虚者加黄芪；痛甚者加乳香、没药。每日煎服 1 剂，分上、下午 2 次服，1 周为 1 个疗程。

(二十七)腰腿痛

地龙 9 克，大独活 9 克，制川大黄 10 克，全当归 10 克，制香附 10 克，生甘草 6 克，杜仲 12 克，川芎 9 克，川断 15 克，桃仁 10 克。每日 1 剂，水煎分早晚 2 次内服。疼痛剧烈酌加灵磁石、制川乌、制草乌、蜈蚣、全蝎、土鳖虫、紫荆皮、参三七、乳香、没药等；伴有肌肉紧张酌加葛根、木瓜、芍药；伴有腿麻胀痛酌加炮穿山甲片、天麻、蜈蚣、全蝎、牛膝、五灵脂、络石藤、忍冬藤等；兼外感风寒酌加羌活、荆芥、防风、桂枝、麻黄、伸筋草、秦艽、威灵仙等；体虚、肝肾亏损，酌加黄芪、党参、太子参、狗脊、桑寄生及六味地黄丸。

(二十八)腰椎间盘突出症

地龙、秦艽、赤芍、当归、川芎、威灵仙、川牛膝各 9 克，麻黄 3 克，三七粉 4 克，陈皮 6 克。水煎服。下肢疼痛剧烈者，加制川乌 6 克，独活 9 克；兼有游走窜痛者，加木瓜 6 克，防己 9 克；下肢麻木者，加土鳖虫 9 克，蜈蚣 2 条；夜寐不安者，加合欢皮 9 克，远志 9 克，茯苓 9 克；胃脘胀闷纳呆者，加生山楂 9 克，佛手 9 克，鸡内金 9 克。

（二十九）骨病

（1）骨不连　用鲜地龙 20 克，每日煎服 1 剂。

（2）骨髓炎　地龙 12 克，鱼腥草、白芷各 12 克，苍术 10 克。每日煎服 1 剂。

（3）骨折　按一般无菌扩创对位外，用笼蒸地龙 30 分钟后，将地龙覆盖伤口，每日换 1 次，半个月为 1 个疗程。

（三十）胸腰椎压缩性骨折

地龙 18 克，桃仁 12 克，红花、独活、苏木屑、小茴香、乳香、没药、土鳖虫各 10 克，肉桂 5 克。若早期局部肿胀，疼痛剧烈，胃纳不佳，大便秘结数日不解，少腹胀满，加大黄 30 克，风化硝 10 克（冲服），延胡索、莱菔子各 10 克，广木香 8 克。中期胀痛虽消而不尽，仍活动受限，加炙水蛭 5 克，炮穿山甲、当归身、杭白芍、骨碎补各 10 克，炙黄芪 20 克，煅自然铜 20 克（先煎）。后期腰酸腿软，四肢乏力，活动后局部隐隐作痛，加川断、狗脊、桑寄生各 10 克，菟丝子 15 克，炙黄芪 20 克。水煎服，并配合腰部垫枕等功能锻炼进行治疗。

（三十一）坐骨神经痛

地龙、黄芪、白芍、鸡血藤各 30 克，丹参 25 克，牛膝 24 克，木瓜 15 克，当归、乳香、没药、土鳖虫、防风各 10 克，炙甘草 6 克。偏寒者加麻黄、制川乌；偏热者加生石膏、忍冬藤；夹湿者加苍术、薏苡仁；气虚者加党参、白术；阴虚者加熟地黄、知母；阳虚者加制附子、肉桂；痛剧者加延胡索、田七；病久者加穿山甲、乌梢蛇；腰椎间盘突出者加五加皮、续断；腰椎骨质增生者加骨碎补、杜仲。每日 1 剂，水煎服，早晚各 2 次温服，20 天为 1 个疗程。

（三十二）前列腺肥大

地龙 60 克，黄芪 12 克，党参 12 克，防己 12 克，王不留行 10 克，炒杜仲 10 克，甘草 10 克。水煎服。每日早晚分服。

（三十三）急性乳腺炎

用单味干地龙 30 克，加水适量，浸泡 20 分钟后，武火煮沸，再用文火煎煮 20 分钟后取汁，冷凉后顿服，每日 1 次。再取活地龙适量，洗净后与适量白糖共捣烂，摊在纱布上，贴于乳房肿痛部位，每日更换 2～3 次。

（三十四）下肢溃疡、褥疮、烫火伤

鲜蚯蚓 100 克，蜂蜜 200 克。将鲜地龙浸于清水中吐净泥土，放入盛有蜂蜜 200 克的玻璃杯中，静置 12 小时，去地龙，将所得液体过滤，高压消毒备用。将患处外围用 2％碘酒消毒，然后用 75％酒精脱碘，创面用 3％双氧水清洁处理后，即用消毒棉棒蘸地龙蜂蜜液均匀敷在溃疡面上（不宜太厚或太薄），1 日 4～6 次，清创后再行涂布，至创面痊愈。

第十三章　蚯蚓综合利用技术——生态养殖

第一节　生态养殖——蚯蚓综合利用技术模式

生态养殖就是根据生物链，有效利用每个环节的副产品，达到保护环境，有效降低农业生产成本，显著提高养殖效益的高效养殖模式。利用动物粪便、垫草等养殖业的固体废弃物饲养蚯蚓，再以蚯蚓饲养动物，这一科学的生态系统的实施，既能降低这些废弃物对环境的污染，也能产生高效的有机肥，还能为动物饲养业提供优质的动物性蛋白质饲料，同时蚯蚓本身也是一种药用价值极高的传统中药，又可以用来治疗多种人类和动物疾病，因此其在整个动物生产生态系统中发挥着重要作用。我国地域辽阔，资源丰富，但各地畜牧业生产条件和发展水平有很大差异，动物生态养殖经济发展模式和实现形式必须根据农区、牧区和城市郊区等不同的地域采用不同的形式。

在这里给大家介绍较为高效的几种模式，养殖过程要根据生态循环养殖原理和实际情况思考如何有效地开展养殖。

一、猪-蚯蚓-甲鱼模式

通过猪粪尿干湿分离，干粪发酵后养殖蚯蚓，蚯蚓饲喂甲鱼，蚯蚓粪烘干后作高档花卉、草坪肥料，猪污水经处理后用于种草，牧草喂羊，甲鱼排泄物喂鳙鱼，鳙鱼排泄物喂螺蛳，小螺蛳又是甲鱼的好饲料，如此循环生态链，就可降低甲鱼养殖成本。

蚯蚓含有丰富的营养成分，其蛋白质含量是玉米的 6 倍，是黄鳝、泥鳅、鳗鱼、甲鱼等动物的最佳饲料。更重要的是，蚯蚓还是处理畜禽粪便的好手。据试验，一亩养殖蚯蚓一年可消化 150 多吨猪粪，相当于 2000 头出栏生猪的干粪量；而 1000 千克的畜禽粪便，可以繁殖蚯蚓 20～30 千克，同时产生 800 千克松散、透气、肥沃、无臭味的优质肥料。

二、鸡-猪-沼气-蚯蚓模式

可以在庭院中建 50 米² 的鸡舍，可笼养蛋鸡 500 只，猪舍和沼气池建在一起，占地约 30 米²，地上猪舍，地下建造沼气池。将鸡粪发酵掺上等量的配合饲料可养猪 20 头左右。猪粪、人粪入池产沼气，用沼渣养蚯蚓，年可收鲜蚯蚓 1000 千克，用来喂猪、喂鸡可节省配合饲料 3000 千克。要选用地势比较平坦、能灌能排的菜园、果园，沿植物行间开沟槽，将沟底和四周沟壁打实后，施入沼渣，上面用土覆盖 10 厘米左右厚，放入蚯蚓进行养殖，经常灌溉和排水，保持土壤含水量在 30％ 左右。冬天可在地面覆盖塑料薄膜保温，以便促进蚯蚓活动和繁殖能力（图 13-1）。

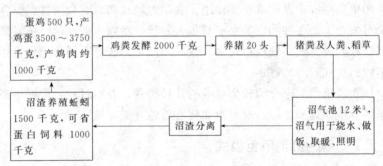

图 13-1　鸡-猪-沼气-蚯蚓模式

需注意的是，利用鸡粪喂猪必须对动物粪便进行无害化处理，因为许多病原微生物可侵害多种动物宿主，当病原体进入某种顺序形成的链循环时，还会使其毒力增加或侵害的宿主种类发生改变。病原体在猪体内可以实现重组配对，产生新型病原体引起人的感染流行，未经处理的鸡粪喂猪无疑人为增加了这种重配重组的机会。

很难说其他一些病原体不会在某种动物体内发生同样的变化。所以，粪便应集中必须进行无害化处理，而不是直接饲喂动物，以最大限度地避免传染病的交叉感染，从根本上尽量减少这种可能性的发生，而不是人为增加这种可能性。

三、各种动物-蝇蛆-蚯蚓-种植模式

（1）把新鲜猪、鸡、鸭等粪料先入池，加入有效微生物（如EM等）发酵和降低粪便臭味，发酵好后送入蝇蛆养殖房，成千上万的苍蝇就云集在粪上产卵，卵块经过8～12小时孵化成小蛆，小蛆经2～3天长大，长大后的蛆自动爬出粪堆，走进预定的收蛆桶中。

（2）把养过蛆的粪加入40%～60%草料或垃圾等物，再进行堆制发酵，发酵后送入蚯蚓养殖场养殖蚯蚓，蚯蚓养成成品后，把蚯蚓连同基料放在光源较强的地方（自然光线即可，不一定需太阳光），蚯蚓就会自动缩成一团一团，取出即可。廉价的蝇蛆和蚯蚓用来投喂各种经济动物（图13-2）。

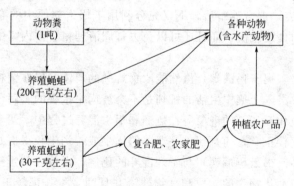

图 13-2　各种动物-蝇蛆-蚯蚓-种植模式

（3）养过蚯蚓后的粪变成了蚯蚓粪，据专家测定，蚯蚓粪的营养成分远高于黑麦草等青饲料，与谷物接近。蚯蚓粪的用途：①加入少量氮、磷、钾等，直接制成颗粒，即变成优质复合肥；②在饲料中添加15%～30%蚯蚓粪制成颗粒饲料投喂猪、鸡、鸭、鱼、

饲料品质并没多大改变,还能增加动物的适口性;③用袋装好做花肥出售,每千克可卖1元,或卖给花卉公司、果农、菜农、饲料厂等;④自己留做农家肥使用;⑤直接投喂鲤鱼、鲢鱼、鳙鱼、田螺等。以1吨猪粪为例,经上述处理可生产100～300千克蛆虫、20～60千克蚯蚓和1000千克左右的蚯蚓粪(加入了草料或垃圾等),总价值在600～1000元,一堆普通的粪得到了最大的利用。

四、食用菌(蘑菇)-蚯蚓-蜗牛-农作物模式

培养食用菌后剩余的下脚料和残渣作为蚯蚓饲料,然后在养殖蚯蚓的饲料床上养殖蜗牛,蜗牛的排泄物和剩下的食物残渣又是蚯蚓的上等饲料,蚯蚓的排泄物(蚓粪)便又成为农作物和花卉的优质有机肥料。

利用蚯蚓和蜗牛(褐云玛瑙螺)混养,可使蚯蚓和蜗牛同时增产。褐云玛瑙螺排泄的粪便中含有丰富的有机物,可作为蚯蚓的好食料。据计算,褐云玛瑙螺的成螺平均螺重为32.5克,一天排出的粪便约有1.5克,而螺重为0.45克的幼螺,一天排出的粪便约有0.09克,混合养殖后,不仅充分利用了蜗牛粪便中的有机物和投喂后的食物残渣,而且还可以免去每周清理箱、池内蜗牛粪便的劳务。

蜗牛(褐云玛瑙螺)虽然能取食蚯蚓的尸体,但在饲料充足的情况下,潜入土壤中生活的蚯蚓是不会被蜗牛侵害的,两者之间也不会出现相互残杀的现象。在蚯蚓和蜗牛混养过程中,两者的生长繁殖都比较正常,而且比单一喂养的蜗牛或蚯蚓生长得更好。

蜗牛(褐云玛瑙螺)与蚯蚓混养的比例,以放入的蚯蚓基本上能清除、消化蜗牛的粪便和食物残渣并且两者生长都较正常为宜。混养时,两者的投放量可按重量计算,一般蜗牛与蚯蚓投放的比例为(11～15):1。在开始饲养时,蚯蚓的投放数量可以少一些。因为在混养过程中,蚯蚓也同样会互长、繁殖。所以在饲养过程中,要看蜗牛与蚯蚓生长和繁殖的情况,随时调整比例。如果发现蚯蚓过多,可移出一部分蚯蚓和蚓粪,更换一些新土。

第二节　蚯蚓综合利用——生态养殖技术分析

一、蚯蚓处理畜禽粪便分析

随着农业集约化生产的快速推进，农业废弃物尤其是畜禽粪越来越多。在广东、江西、湖南、山东、上海等一些省、市，畜禽养殖业也十分发达。但是，到处堆积如山的畜禽粪便使得周围的环境恶臭熏天，畜禽粪便的处理十分困难，有的城市政府为此出台政策，如果环保型处理1吨畜禽粪便，除获利全归处理者外，另外政府再给予部分补贴。据有关数据显示：我国畜禽养殖业带来的污染已超过了城市废水和工业污水的排放量。目前许多养殖场的动物粪便由于无法出售和处理，除使得周围的环境恶臭熏天外，连堆放都成了问题。

有机废弃物的传统处理手段已越来越不适应资源可持续利用的要求，因此，利用生物对废弃物进行资源化处理已经成为当今可持续发展的一个重要方向。蚯蚓具有很强的分解有机物质的能力，利用蚯蚓的生命活动来处理畜粪是畜牧废弃物无害化处理的一项传统而又年轻的生物技术。其工艺简便、费用低廉，能获得优质有机肥料和高级蛋白质饲料（蚯蚓粉），不产生二次废物，对环境不产生二次污染，备受欢迎。过去，畜禽粪就算能够处理，除了用来做有机肥料以外，便别无他用，其价值极微，每吨粪的价值才几十元。如今，运用生物技术把畜禽粪便进行一系列的综合利用，把它的身价提高了十几倍。

（1）马粪　是蚯蚓理想的初级食物，因为马粪具有对蚯蚓生命活动而言最佳的物理性状和全价营养物质。

（2）牛粪　是促使蚯蚓正常生长发育的良好原料，但是牛粪必须预先进行 6～7 个月的发酵处理，使之达到蚯蚓繁殖所必需的 pH 值。

（3）猪粪　新鲜猪粪不能被蚯蚓处理，因为猪粪中尿酸和尿素的含量高。只有经过熟化的猪粪才能用来繁殖蚯蚓。完成猪粪的熟化过程需要 $10\sim12$ 个月。蚯蚓处理猪粪的优点是它的产物不散播杂草种子。

（4）兔粪　可作为蚯蚓食物而进行无害化处理。将漏掉了尿液的粪粒收集于容器、池子或管道里，就在这些容器、池子或管道里直接繁殖蚯蚓进行处理。

（5）羊粪　是繁殖蚯蚓的良好基质，但需要预加工。把羊粪加垫草堆成 $40\sim50$ 厘米高的小堆，浇透水。处理 $3\sim4$ 个月，达到蚯蚓最适宜的 pH 值。

（6）禽粪　鸡、鸭等禽的粪便与其他畜粪或锯末等混合，也可作为繁殖蚯蚓的基质。

畜禽粪发酵→养蝇蛆→加入部分垃圾或草料再发酵→养蚯蚓→得蚯蚓粪。如果动物粪便要用来养殖蝇蛆的话，动物的尿正好满足养殖蝇蛆所需要增加的水分。蝇蛆和蚯蚓都是高蛋白动物饲料。采用蝇蛆和蚯蚓来代替鱼粉等商品饲料饲喂经济动物，具有成本低、生长快、抗病强、肉质好等优点。蝇蛆和蚯蚓可饲喂的经济动物有鸡、鸭、猪、狗、鲤鱼、鲫鱼、鲶鱼、鲟鱼、大口鲶、塘角鱼、黄鳝、甲鱼、鳗鱼、桂花鱼、对虾、螃蟹、蛙、蝎子、蜈蚣、蛤蚧、蛇、鸽子等。

中国是一个畜禽养殖大国，每天、每月、每年产生的畜禽粪便有多少？如果每吨粪都按此技术进行综合利用，不但解决了我国养殖业蛋白饲料严重不足、成本偏高、因使用人工合成激素使肉质变差等一系列问题，还将产生巨大的经济效益和社会效益。

二、蚯蚓饲料技术分析

蚯蚓是一种高营养的动物饲料，其氨基酸组成全面，动物对其营养吸收率之高是其他任何动物饲料所不能比拟的。蚯蚓中还含有蚓激酶，对加快动物生长发育有着神奇的作用。蚯蚓更是大多数水产动物心中最美味的佳肴。

但是，与养殖蝇蛆相比，蚯蚓的产量只有蝇蛆养殖的 1/8 左右。也就是说，像养殖蝇蛆那样小面积即可获得高产量的蚯蚓是不可能的。蚯蚓饲喂鸭子，是农村中十分常见的事情，鸭子吃了蚯蚓后，生长速度极快，基本不发生疾病，肉质好。但是，人工养殖蚯蚓大规模饲养鸭子是不现实的。要获得大批量的蚯蚓，只有增加养殖面积，以养殖蚯蚓 1000 米^2 计算，日处理粪料 1～1.5 吨，投产 4～6 个月后开始日产蚯蚓 40 千克左右，蚓粪 0.6～1 吨。

如此产量的蚯蚓该如何运用到养殖业来提高经济效益呢？

如果养殖蚯蚓用来饲喂鸭、鸡、猪等经济动物，建议不要直接生喂，晒干、烘干成本高，最佳的方法是将鲜蚯蚓打（或剁）成浆拌和到饲料中饲喂，一般每 100 千克（湿料）饲料拌和 3 千克蚯蚓浆直接饲喂即可。另外，将新鲜的蚯蚓粪按 2%～5% 的比例直接加入饲料中，可以有效降低饲料成本。鱼类等经济动物都可以按照以上方法操作。

按照以上技术配套养殖，可有效降低养殖成本 10% 以上，经济效益提高 20% 以上，前景看好。

蚯蚓虽然产量较低，但与蝇蛆相比，其操作难度低，养殖容易，材料广泛。

三、蚯蚓饲喂动物技术分析

蚯蚓含有十分丰富的营养成分，特别是蛋白质含量高，是猪、鸡良好的动物性饲料。它能促进动物多长肉、多产蛋，但如果喂饲方法不当，也会引发动物疾病，造成损失。因此，饲喂蚯蚓一定要谨慎。

蚯蚓对猪可传播肺绦虫病和气喘病。引起猪肺绦虫病的线虫有长刺后圆线虫、短阴后圆线虫和萨氏后圆线虫，而蚯蚓就是传播这 3 种线虫的中间宿主。一条蚯蚓可携带数百条线虫的幼虫，危害极大。而肺绦虫的幼虫又带有猪气喘病病毒，可使猪同时感染气喘病，这是一种双重感染，危害更大。

蚯蚓对禽类可传播 4 种寄生虫病。第 1 种是气管交合线虫病。某养鸡场用大平 2 号蚯蚓喂鸡，122 只鸡全部发病，死亡 71 只，就是由于蚯蚓传播了气管交合线虫病造成的。第 2 种是环形毛细线虫病。虫体寄生在鸡的食管或嗉囊中，引起营养不良、瘦弱、贫血，严重者衰竭而死。第 3 种是鸡异刺线虫病。虫体寄生在盲肠，引起消化不良、无食欲、下泻、瘦弱，鸡不发育，产蛋减少。第 4 种是楔形变带绦虫病。虫体寄生在鸡十二指肠中，引起食欲大减，不消化、拉稀、消瘦，以至出现神经症状。这 4 种寄生虫病都是由蚯蚓传播的。

预防蚯蚓传播疾病的措施：一是养蚯蚓一定要经过检疫，凡有寄生虫卵、包囊或幼虫的要立即处理掉，切不可留作种用繁殖。二是喂养蚯蚓，严禁用未经处理的畜禽粪便做饲料。三是蚯蚓寄生虫的虫卵、包囊、囊蚴怕高温，因此，饲喂畜禽时，一定要彻底加热，决不能生喂。即使是死蚯蚓，体内的虫卵并未死，所以一定要加热。四是一旦在畜禽中发现上述疾病，需立即严格隔离，严防扩散。五是对畜禽要定时进行检疫，以便及时采取措施。

第三节　蚯蚓综合利用——生态养殖技术的优势

我们都知道，养殖这些动物都离不开一些动物类饲料，如鱼粉、肉粉等。鱼粉、肉粉等不但富含蛋白质，而且还含有经济动物不可缺少的天然生长激素、各种氨基酸和微量元素。如果把鱼粉、肉粉等按一定比例添加到经济动物的饲料中，经济动物的生长就会加快，肉质也好。但有一个矛盾，就是鱼粉、肉粉等的价格较高，因此养殖成本也会增加。

蚯蚓和蝇蛆就能完全代替鱼粉和肉粉等，并且比鱼粉和肉粉效果更好。我们都知道，蚯蚓和蝇蛆是廉价的动物蛋白饲料。用家里的猪、鸡、鸭、牛、马等的粪便就能生产出大量的蚯蚓和蝇蛆，而生产成本要比购买鱼粉、肉粉等要低得多。所以，要想有效降低养殖成本、生产绿色食品，特别是想要达到一箭双雕的效果，纵观所有养殖技术措施，唯有生物链这条路应该是最有效、最好的。那么，到底生态养殖有哪些好处或者优势呢？概括起来有以下几点。

一、能生产出无公害的绿色食品

如今，很多人都已将对食品价格的在意转向了对安全卫生的关注，因为食品安全关乎人类的生存与健康。近年来，食品安全问题遭遇到了从未有过的挑战。笔者认为，发展生产天然活体动物蛋白饲料如蝇蛆和蚯蚓等是切实可行的。我们知道，蝇蛆和蚯蚓等含有极高的蛋白质，还含有极为丰富的动物所需要的各种天然氨基酸和生长激素。而采用生态技术生产的动物食品是真正的绿色食品，前景非常广阔。

在西方许多发达国家，早就运用人工养殖蝇蛆和蚯蚓处理养殖场的粪便和城市垃圾，再以蝇蛆和蚯蚓代替精饲料来投喂经济动物。

二、养殖原料来源丰富

每家每户人、畜、禽的粪便和一些有机垃圾就是最好最廉价的原料。通过生态养殖，可以不断地循环利用这些原料，整个过程无废物生产。

三、能生产出大量供各类养殖利用的优质的活体蛋白产品

蚯蚓富含蛋白质，如果把蚯蚓按一定比例添加到经济动物的饲料中，经济动物的生长就会加快，肉质也好。

四、养殖成本大大降低

在河南省，建起了一座占地 106 亩的生态苍蝇农场，该农场利用猪、鸡、鸭、牛、马等的粪便先养殖蝇蛆，蛆渣生产沼气，用沼气加温四季生产蝇蛆，得到大量蝇蛆后，再把养过蝇蛆的粪用来生产蚯蚓，生产完蚯蚓后，把变成了蚯蚓粪的粪土再用来种植庄稼，

用鲜蛆饲养 5000 只鸡和 30 亩鱼等。这样就可以把 1 吨价值几十元的粪便转变成价值几百甚至上千元的蝇蛆、蚯蚓、蚯蚓粪、鸡、生态蛋、生态鱼等 10 多个产品，经济效益提高 10 倍以上。

这是一项生物链式的生态农业养殖模式。这种模式不但投资少，且大大降低了各种风险；不但能生产出纯绿色的动物食品，且生产成本也大幅降低。

第十四章　蚯蚓养殖场的经营管理

一、经营与管理的概念

经营与管理是两个不同的概念，它们是目的和手段的关系。经营是指在国家法律法规允许的范围内，面对市场需要，根据企业的内外部环境和条件，合理地组织企业的产、供、销活动，以求用最少的投入取得最大的经济效益，即我们所说的利润。管理是根据企业经营的总目标，对企业生产总过程的经济活动进行计划、组织、指挥、调节、控制、监督与协调等工作。经营和管理是统一体，两者相互联系、相互制约、相互依存。经营主要解决企业方向和目标等根本性问题，偏重于宏观决策；管理主要是在经营目标已定的前提下，如何组织实现的问题，偏重于微观调控。

经验实践证明，如果经营决策失误和生产管理不善，就会给生产带来严重损失，不仅没有经济效益，还可能赔本，浪费人力和物力。一个良好的经营决策、科学的生产计划和管理，会使养殖企业由生产型转变为生产经营型，使企业的活动范围很快由生产领域扩展到流通领域，可充分利用内部条件，提高产品的产量和质量，提高生产效率，并很快把产品销售出去，实现生产过程和流通过程的统一，结果，就会获得较好的经济效益。

二、经营管理的职能

蚯蚓场的经营管理就是通过对蚯蚓场中人、财、物等生产要素和资源进行合理配置、组织、使用，以求用最少的消耗获得尽可能大的物质产出和经济效益。具体的管理职能主要有五个方面。

（一）经营决策

根据规模养殖场的经营方针、当地自然经济条件、饲料来源、技术力量、资金和设备状况，结合市场需求，通过充分的调查研究，分析论证，提出方案，进行选择和决定，这是实现正确经营的第一步。决策存在于现代养蚯蚓场经营的全过程，凡是蚯蚓场的建设、项目的选择、产品销售、市场的开拓等，都存在一个决策过程；每一决策过程都有着众多而复杂的客观因素。因此，对每一决策都应首先进行市场调查和市场预测，然后对其在本来时期中可能的表现及发展趋势进行研究，并对其在近期和远期为实现这一目标所应采取的措施作出决策。市场调查内容应包括：蚯蚓肉及蚯蚓制品的供求关系；市场销售渠道、销售方法和销售价格；产品的竞争能力；市场蚯蚓肉、种蚯蚓的成交情况；养殖蚯蚓的饲料及其设备供应情况；本地区常见蚯蚓病等。市场预测内容应包括：本地区近阶段有何资源开发，可能新增长人口对蚯蚓肉与蚯蚓制品需求量的变化；饲料价格变化对养殖蚯蚓发展的影响等。

经营决策正确与否，往往是将来经营成败的关键，也是能否办好蚯蚓养殖场的关键。只有经营决策正确，产品适销对路，符合社会需要，蚯蚓养殖场才能获得利润，才能有生命力，才有发展前途。

（二）计划职能

确定经营目后，还必须制订详细的经营计划，以保证实现经营目标，如生产计划、基建计划、劳动工资计划、蚯蚓群周转计划、饲料计划、产量计划、销售计划、成本计划等。

（三）组织、协调职能

即在经营目标作出决策后，为实现这一目标组织各个部门合理配置生产力，把蚯蚓池、设备、劳力、技术和物资等生产要素科学而协调地加以组合和运用。通过这一职能的实现，使全场职工在经营活动中互相配合，相互支持，将孵化、育雏、育成、产卵、饲料加工、药品供应和产品销售等各生产部门有机地结合起来，做到相

166

互协调配合，保证生产的正常运转。

（四）指挥职能

指挥职能指正确指导蚯蚓生产和经营活动的进行。为实现这一职能，必须自始至终了解和掌握生产、经营全过程，经常协调蚯蚓养殖场内部各部门、蚯蚓养殖场与外部有关部门的正常关系，掌握生产、经营发展趋势，并及时做出正确判断和决定，合理调节人力、物力和财力，努力实现生产经营全过程的正确指挥，以保证顺利实现经营目标。

（五）监管职能

监管职能指在生产、经营活动中日常所进行的必要监督和检查。为此，要求经营领导者经常深入基层，了解情况，及时发现问题，解决问题。通过这一职能的实现，就能及时揭露生产、经营活动运转过程中的矛盾，分析其产生原因，迅速采取对策；发现先进事物，总结经验，提高经营管理水平；考核经济效果，做到奖罚分明，更好地调动职工积极性，实现人尽其才，物尽其用，获得最大限度的经济效益。

三、蚯蚓场的经营决策

（一）影响因素

蚯蚓养殖专业户由于受到自身素质、资金、技术及信息等条件的限制，因此，其在生产经营的发展中应注意以下几点。

（1）市场导向，以效益为目标，及时调整生产结构，在竞争中求发展 有些养殖户会出现盲目跟风的心理。当销路好时，大家一窝蜂而上，当销路不好时，又纷纷下马，结果蚯蚓养殖效益并不好，甚至亏本。因此，要及时了解信息（有机会可通过网络等手段），预测蚯蚓生产走势，以市场为导向，及时调整生产结构，在竞争中求发展。

（2）养殖专业户在确定和扩大经营规模时，一定要实事求是，要与自身的资金、劳力、技术、设备等方面的条件相平衡，而不是只为求规模，关键是求得规模效益。合理的蚯蚓养殖规模并不是固定不变的，随蚯蚓价格的提高而增大，随固定成本的增加而减少，随着蚯蚓养殖技术的进步、社会化服务体系的完善而发生相应的改变。

（3）要在管理中精打细算，降低成本，提高经济效益　在建场后，主要成本就是饲料了，规模较大时，要自办饲料厂，按标准配成全价配合饲料，提高饲料利用效率。其他方面如人工、房舍、水电、粪便等应严格管理。

（4）走综合经营道路，提高经营效果　多种养殖一起进行，充分利用先有的资源发展养殖业。

（二）经营决策

开办一个蚯蚓场，必须进行可行性研究，遵循一定的决策程序。决策程序一般分为三步：一是形势分析，二是方案比较，三是择优决策。

1. 形势分析

形势分析是指企业对外部环境、内部条件和经营目标三者综合分析。

（1）外部环境　要进行市场调查和预测，了解产品的价格、销量、供求的平衡状况和今后发展的可能；同时也要了解市场现有产品的来源、竞争对手的条件和潜力等。

（2）内部条件　主要包括场址适宜经营，如环境适宜生产和防疫、交通比较方便、有利于产品与原料的运输和废弃物的处理，水、电等供应有保证；资金来源的可靠性，贷款的年限；利率的大小；生产制度与饲养工艺的先进性，设备的可靠性与效率；人员技术水平与素质；供销人员的经营能力；饲养蚯蚓种来源的稳定性，健康状况等。

（3）经营目标　产品的产量、质量与质量标准；产品的产值、成本利润。

一般来说，外部环境特别是市场难于控制，但内部条件能够掌握、调整和提高，蚯蚓场在进行平衡时，必须内部服从外部，也就是说，蚯蚓场要通过本身努力，创造、改善条件，提高适应外部环境和应变能力，保证经营目标的实现。

2. 方案比较

根据形势分析，制定几个经营方案，实际上这也是可行性研究。同时对不同的方案进行比较，如生产单一产品或多种产品；是独资或是合资。主要对不同的方案在投入、风险和效益方面进行比较。

3. 择优决策

最后选出最佳方案，也就是投入回收期短，投产后的产品在质量和价格上具有优势，效益较高，市场需求大于供应，需要量将稳定增长，价格有上升的趋势等。选择这样的方案，蚯蚓场可能获得较大的成功机会。

四、蚯蚓场经营管理的基本内容

蚯蚓场建场开始，就应考虑投产后的经营管理问题。如蚯蚓场的选择、布局，饲养方式，池子结构，饲料的运输和产品的销售等，均与劳动生产率密切相关，应在建场过程中综合考虑，妥善解决。否则，就会降低饲养效益，容易导致办场失败。

就一般蚯蚓养殖来说，经营管理的基本内容主要包括组织管理、计划管理、物资管理和财务管理。

(一) 组织管理

为使蚯蚓场生产正常而有秩序地进行，必须建立一个分工明确而合理的组织管理机构，蚯蚓场由于经营的方向、方式与规模不同，其机构部门的设置和人员的编制也不同，但其组织管理内容基本相似。

1. 人员的合理安排与使用

养蚯蚓，说难不难，说容易也不容易，只要掌握了方法是不难的，且对技术人员、管理人员和饲养人员有不同的要求，同时他们的素质高低，直接影响蚯蚓场生产经营的全过程。成功的经营管理者十分注重职工主观能动性的发挥，知人善任，合理安排和使用人员，做到人尽其才，人尽其力，各司其职，合力共进。

2. 精简高效的生产组织

生产组织与蚯蚓场规模有密切关系，规模越大，生产组织就越重要。规模较大的蚯蚓场一般可设生产、技术、供销财务和生产车间四个部门，部门设置和人员安排应尽量精简。非生产性人员越少，经济效益就越高。规模饲养经济效益高，其关键是非生产人员少、办事效率高、综合成本低。

3. 建立健全岗位责任制

搞好规模养殖蚯蚓的经营管理，必须建立健全岗位责任制。从场长到每一个人员都要有明确的岗位责任，并用文字固定下来，落到实处，使每个人员都知道自己每天该做些什么，什么时间做，做到什么程度，达到什么标准。

经营管理者根据岗位目标责任制规定的任务指标进行检查，并按完成情况进行工作人员的业绩考核和奖惩。在确定任务目标时，要从本场实际出发，结合外地经验，目标应有一定的先进性，除不可抗拒的意外原因外，经过努力应该可以达到或超过。原则上要多奖少罚，提高完成任务目标的积极性，而奖罚应及时兑现。

4. 制定技术操作规程

蚯蚓场饲养技术操作规程，是根据科学研究和生产实践的经验，总结制定出的日常工作的技术规范。

5. 健全完善各项规章制度

办好蚯蚓场必须制定落实一系列的规章制度，做到有章可循，便于执行和检查，用制度规范蚯蚓场人员的生产生活行为，实现自我管理、自我约束、自我发展。

6. 关心职工

蚯蚓场的经营管理者不仅要关心生产经营，也要真心实意地关心职工，为他们排忧解难，创造一个良好的工作条件和工作环境。要注重职工素质的提高，提高操作技能，更新知识，不断提高蚯蚓场经营管理水平。

（二）计划管理

计划管理是经营管理的重要职能。计划的编制是对内外环境、物质条件进行充分估计后，按照自然规律和经济规律的要求，决策生产经营目标，并全面而有步骤地安排生产经营活动，充分合理地利用人力、物力和财力。计划为实行产品成本核算和计算经营效果提供依据。用计划来组织生产和各项工作，是社会化生产的需要。计划管理就是根据蚯蚓场确定的目标，制订各种计划，用以组织协调全部的生产经营活动，达到预期的目的与效果。规模饲养场应有详尽的生产经营计划，按计划内容可分为产品销售计划、产量计划、物资供应计划、免疫计划、财务收支计划等，按计划期长短可分为年度计划和长期计划，按范围可分为全场计划和部门计划。

1. 产品销售计划

这是流通、搞活生产、实现货畅的一个重要环节，也是完成经营目标的一项重要工作。蚯蚓场主产品，是主要提供蚯蚓肉，还是提供种蚯蚓，根据生产计划和可能销售量编制产品销售计划，做到产销对路和衔接，及时投放市场，防止积库。最好实行以产定销，建立稳固的销售和信息网络，防止盲目生产。

产品销售计划的编制主要依据两个方面，一是蚯蚓周转计划，二是市场需求及价格变化曲线，尽可能把幼蚯蚓的培育时期安排在消费淡季，肉蚯蚓尽量安排在消费旺季及时出售产品，以提高整体经济效益。

2. 物资供应计划

饲料是重要物资，必须根据生产计划需要编制详细的供应计划，并保质保量，按期提供。其他如饲养防疫人员的劳保用品、灯泡等易耗品、工具、机械设备维修备件、燃料物质，也应列出计划，以保证生产任务的完成。

同时应对所需的饲料品种、数量、来源作好计划，及早安排，保证供应。

3. 成本核算计划

衡量一个蚯蚓场经营管理好坏的重要标志是产品成本和劳动生

产率的高低，以及由此所产生的经济效益的大小。也就是说，一个经营管理好的蚯蚓场必然收入多，利润大，劳动生产率高，数量和质量逐年上升，成本逐年下降，实现优质、高产、低消耗的要求。因此，蚯蚓养殖专业户必须努力增加生产，降低成本，搞好产品成本核算计划。

产品的成本核算是养殖场财务管理的核心，是各种经济活动中最中心的环节。产品的成本核算是由生产产品需支出的成本和产品所得的价值构成的。产品的收入资本大于成本费则盈利，小于成本费则亏。养殖场的产品成本由饲料费用、工资、燃料费用、兽药费用、企业管理费、固定资产折旧费、房屋设备维修费等构成。

成本核算一般以单位产品为核算的基本单位，可请专业人士管理。

4. 财务计划

这是保证经营目标实现所必须预先考虑的资金来源及其运用、分流的一种综合计划。其内容应包括固定资产折旧计划、维持生产需要的流动资金计划、财务收支计划和利润计划、专用资金计划、信贷计划等。

（三）物资管理

这是为保证生产所需物资的采购、储备和发放的一种组织手段。养殖场所需的主要物资有饲料、药品、器材、设备零件、工具、劳保用品以及一些易耗物品等。对这些物资的采购、储存和发放都应建立登记账簿，及时记录登记，严格发放手续，妥善保管，防止变质腐败，做到账物相符。

（四）财务管理

1. 财务管理任务

财务管理的主要功能在于保证蚯蚓场资金周转，提高资金周转率和缩短资金周转期。为此，财务管理者应经常参与产品成本分析和核算，为蚯蚓场的总效益分析积累数据、提出分析报告，制定增产节约措施；抓紧产品资金的回笼；逐月提出财务收支报表，通报效益进度，及时调整管理措施；提出年终经济效益分析总结报告，为下一年度计划提供依据。

2. 成本核算

在蚯蚓场的财务管理中成本核算是财务活动的基础和核心。只有了解产品的成本，才能算出蚯蚓场的盈亏和效益的高低。

3. 盈利核算

盈利是销售产品收入减去成本后的所得，它包含利润和税金两部分。盈利减去上缴国家及地方政府的税金，即是利润，盈利越多，说明经营管理水平越好，对社会的贡献也越大。盈利核算主要是考核利润总额和利润率。

财务管理是极其复杂烦琐的，大规模的投资生产者只需了解，可聘请财务工作者帮你核算。而小型或个别养殖户，财务核算就简单多了，一般自己都可以核算出来。

五、对发展蚯蚓养殖的几点建议

世界上许多国家，如美国、日本、加拿大、英国、德国、澳大利亚等，都比较重视蚯蚓的养殖应用和研究工作。蚯蚓不仅逐渐成为高蛋白质饲料和人类的食品、药品，而且在改良土壤、消除公害、保护生态环境、物质循环及综合利用、自然界生态平衡、生物多样性等方面发挥了重大的作用。像蚯蚓这一类具有分布广泛、饲养简易、价格低廉、作用巨大等优点的动物，有必要大力研究和开发。我国广大生物科学工作者对于蚯蚓生物学、资源调查、蚯蚓养殖以及应用做了不少的工作，为进一步发展蚯蚓养殖业奠定了一定的基础。但蚯蚓养殖业与其他事业一样，应因地制宜，积极稳妥地去发展，为此提出几点粗浅的建议。

（一）加强领导，科学地发展蚯蚓养殖业

蚯蚓养殖业作为一项颇有前途的新兴养殖业，目前许多国家已发展和建立了初具规模的蚯蚓养殖企业以及有关协会。如在美国年产 20 亿条蚯蚓的养殖企业大约有 50 家以上，日本在 1972

年已建立蚯蚓养殖场 200 余家，每年世界上蚯蚓的成交额近亿美元。我国在 1977 年蚯蚓养殖也曾"火"了一阵，随后便无声无息。笔者认为，蚯蚓养殖与其他养殖一样，应因地制宜，科学积极稳妥地去发展，切莫盲目，更重要的是依法行事，根据市场需求养殖。

（二）综合利用，避免单一经营

在国外，养殖蚯蚓大多从综合利用来考虑，蚯蚓往往作为处理公害过程中的一种副产品，并用来做饲料，因此成本较低。例如在日本，蚯蚓养殖场大多由造纸厂附设，让蚯蚓来消化掉造纸过程中排出的废污泥和残渣。这样既消除了公害，又节省了人力和物力，并且所得的蚯蚓和蚓粪，还可作饲料和肥料，一举两得。因此，建议今后应大搞综合利用，用蚯蚓来处理城市的生活垃圾、工业污泥、废水，园林中的落叶、落果，农村中的秸秆、厩肥、沼气池废渣等有机物。对于我国南方酸性土壤和北方盐碱、沙滩地等可用蚯蚓养殖综合治理，以降低蚯蚓的养殖成本。并且可与养蘑菇、养蜗牛、养牛业等结合起来进行蚯蚓养殖，可以形成物质的良性循环。

（三）建立蚯蚓育种场和繁育体系

蚯蚓是较低级动物，遗传变异性较大，也容易退化，为了保持蚯蚓优良品种的高产、稳产、优质等性能，必须有计划、有步骤、科学地繁育蚯蚓良种，建立三级繁育体系，即蚯蚓良种场、蚯蚓繁殖场、蚯蚓生产场。

良种场的主要任务是对蚯蚓进行驯化、引种、选育或杂交育种。按照预定的育种目标，运用基因工程、遗传工程、物理、化学等各种手段促使蚯蚓发生变异，进行选择、比较鉴定，以培育出优良品种，达到早熟、高产、繁殖快、生长快、优质（蛋白含量高，适应性好）、稳产（如抗逆性强，包括抗寒、耐热、抗旱、抗盐碱、抗酸等，饲料适应性强等）、低耗（饲料利用率高、生产成本低）的目标。同时，不断进行种的提纯复壮。良种场的主要任务为繁育良种。因此，良种场必须有较强的技术力量和较好的设备条件。生产场的主要任务是大量生产蚯蚓和蚓粪。饲料可就地取材，注意产品的开发和综合利用，降低成本。其养殖规模可大可小，并尽力提高单位面积的产量。繁殖场的主要任务是将良种进行大量繁殖，以便向生产场提供足够的种蚯蚓。

（四）科学养殖，提高单位面积产量和增殖率

在一定的时间内，蚯蚓单位面积产量的高低主要取决于蚯蚓的增殖倍数，即增殖率。蚯蚓的增殖率又主要由下列因素所决定：每条蚯蚓每年产蚓茧数；蚓茧的平均孵化率，即每个蚓茧平均孵出的幼蚓数；幼蚓成活率和蚯蚓的世代间隔天数。因此，首先要选择增殖率高的蚯蚓种进行养殖。同时要加强科学的饲养管理，充分发挥其增产潜力。为了提高蚯蚓的增殖率，还应加强蚯蚓的基础理论研究，尽量采用各种先进的技术手段（包括生物激素、细胞学技术等）促使蚯蚓早熟，缩短生长周期和性周期，为的是多排卵、多产卵。

（五）因地制宜，充分开发和利用蚯蚓资源

我国疆域辽阔，气候、土壤情况条件多样，生态环境复杂，蚯蚓种类繁多，数量丰富，各地应加强对蚯蚓资源的普查工作，为蚯蚓资源的开发和利用提供科学依据，也为引种、选育和杂交育种等奠定基础，并且还要做好蚯蚓资源的保护和持续利用工作，保护蚯蚓多样性。应充分利用本地蚯蚓资源，切莫盲目引种。

（六）开发和利用蚯蚓务必注意安全

蚯蚓虽可作为优质的饲料和上佳的食品，又可作为药材，但在使用前必须认真仔细地分析和检查，看蚯蚓是否已感染寄生虫（因为蚯蚓是些线虫和绦虫的中间宿主，往往因鸡、猪食用而感染）。据知蚯蚓可使鸡患 9 种寄生虫病，使猪患 6 种寄生虫病。还要看蚯蚓体内有无重金属或磷、有机氯等农药的富集。因蚯蚓能从土壤和饲料中吸收锡、铅、汞等重金属元素以及砷等，并可成倍地在体内

组织中富集。因此在养殖蚯蚓过程中要严禁使用被重金属、有机磷等农药污染的或带有寄生虫的饲料来喂养蚯蚓，以保证所养殖蚯蚓的安全性。

总之，养殖蚯蚓，在我国还是一项新兴产业，各地应因地制宜，积极稳妥科学地去发展，切莫一哄而起，一哄而散，或以投机取巧的心理去养殖。

参 考 文 献

[1] 潘红平，黄正团主编．养蝎及蝎产品加工．北京：中国农业大学出版社，2002.

[2] 原国辉，郑红军编著．蚯蚓的人工养殖技术．郑州：河南科学技术出版社，2003.

[3] 单鸿仁编著．蚯蚓在医学中的应用研究．太原：山西科学教育出版社出版，1991.

[4] 张复夏，郭宝珠，王惠云编著．蚯蚓的药理及其临床应用．西安：陕西科学技术出版社，1987.

[5] 张保国，张大禄主编．动物药．北京：中国医药科技出版社，2003.

[6] 孙得发编著．饲料用虫养殖新技术．西安：西北农林科技大学出版社，2005.

[7] 许智芳编著．蚯蚓及其人工养殖．南京：江苏科学技术出版社，1982.

[8] 曾宪顺主编．蚯蚓养殖技术．广州：广东科技出版社，2002.

[9] 杨珍基，谭正英编著．蚯蚓养殖技术与开发利用．北京：中国农业出版社，1999.

[10] 闫志民，翟新国等编著．药用动植物种养加工技术．北京：中国中医药出版社，2000.

[11] 黄福珍．蚯蚓．北京：农业出版社，1982.

[12] 陈德牛主编．蚯蚓养殖技术．北京：金盾出版社，1997.

[13] 杨珍基主编．蚯蚓养殖技术与开发利用．北京：中国农业出版社，1999.

[14] 郎跃深，郑方强编著．蚯蚓养殖技术与应用．北京：科学技术文献出版社，2010.